好好笑漫畫數學

買賣大作戰

編劇／郭雅欣　漫畫／司空彌生
知識專欄／房昔梅

遠流

這是一本銜接國小到國中算術、代數到幾何的生活教科書，從聯立方程式、四則運算與加權平均、面積及體積的應用，以及百分率與因倍數等概念的使用時機，作者利用有趣的漫畫對話，結合遊戲與魔術等方式呈現。你知道無限大有多大嗎？關於買賣折扣與百貨公司禮券的陷阱為何？棒球與游泳中有什麼數學？什麼又是定期定額與鑲嵌圖形？不妨跟著幾位主角一起遨遊書中，探索生活中的數學素養吧！

—— **李政憲**　新北市林口國中教師、數學輔導團教師

終於又等到了一本適合中高年級的數學漫畫，不管是老師教學引起動機，或是家長和孩子一起閱讀，對於孩子提升數感都有長足的幫助，誠摯推薦給您！

—— **林怡辰**　彰化縣原斗國小教師、《小學生年度學習行事曆》作者

在市面上有關數學的延伸閱讀書籍有很多，但科學少年的這套《好好玩漫畫數學》卻能夠做到又有趣又實用！作者巧妙利用孩子們的生活情境，透過體育課、演唱會、吃零食、購物……等青少年感興趣的元素，將幾何證明、線性函數、統計與機率、二元一次方程式等等主題，自然而然的融進閱讀當中，佐以活潑有趣的校園互動故事，絕對是符合新課綱「系統思考與解決問題」學習的最佳選擇！

—— **林季儒**　基隆市銘傳國中閱讀推動教師

生活之中到處都是數學問題，像是百貨公司的折價券如何使用最划算？大包裝還是小包裝的商品比較便宜？連號的統一發票是不是會提高中獎機率？球要用什麼角度丟出去才能丟得遠？本套書籍以輕鬆活潑的漫畫故事來呈現與解釋數學概念，相當有趣，誠摯推薦給大家閱讀，享受數學的樂趣。

—— **俞韋亘**　中央大學數學系助理教授

如何引起孩子們學習數學的興趣？從生活中的實例切入，是非常有效的辦法。特別是圖像化的概念呈現方式，更能加速學習者概念化的進程，從而形成心像，牢記腦中。本書透過 13 個不同的主題，分別介紹數學在經濟與生活上的使用，然後在小房子老師的提醒與提問中，歸納知識點形成學習脈絡，許多有趣的數學，也就一下子學起來了。

—— **陳光鴻** 臺中一中數學教師

提到「抽象、有趣、美感、詩意」，我們的腦海中會浮現什麼科目？如果要我說，這門學科也可能是「數學」！聯立方程組，可以分析正妹的心意；定期定額購買商品，讓你成為消費高手；周長與面積，讓掃地分配充滿了數感；統計期望值，能夠明白一元換發票是否值得……《好好玩漫畫數學》用老少皆宜的漫畫說明數學，並搭配第一線老師精心設計的知識學習單，讓學習更有意義與成效，是值得一看的好書。

—— **葉奕緯** 彰化縣田中高中國中部老師

寓數學素養於生活實踐中，感受數學無所不在的魅力！

—— **曾政清** 臺北市建國高中老師

我們生活的日常，像是一條巧克力到底多少錢？烤餅乾該怎麼計算原料與成本？這些內容跟著圖文並茂的漫畫情節，巧妙的吸引孩子進入數學世界，並讓孩子知道，若能以清楚的邏輯與數學思考推理，許多生活中的疑難皆可輕鬆解決。本書以輕鬆幽默的漫畫方式，將數學巧妙的浸潤其中，這樣的呈現方式讓孩子不自覺的接近數學，知道數學的厲害所在。看完本書後，更能確定數學絕對是幫助決策、趨吉避凶的好工具，相當推薦給中小學生閱讀。

—— **賴政泓** 國立政大附中教師

（依姓氏筆畫排序）

小南

數學天才少女,什麼謎團都難不倒她,擅長從
迷霧中抽絲剝繭,找到事物的數學原理並且
清楚說明。喜歡做餅乾,名言是:巧克力是
小孩子吃的!咖啡是大人口味。

花帥

高富帥代表人物,充滿愛的心總是投向
錯誤對象,也因此經常大失所望⋯⋯非
常疼愛妹妹,對同學、親戚、大人總是
不吝伸出援手。

毛弟

紅頭髮的毛家人,
有個愛追流行的
姊姊,以及具有
20 年家庭主婦經
驗的媽媽。生性活潑,
有點迷糊,但在迷糊中卻總
是提出關鍵問題。

桃子

小南的好朋友,
是個熱愛美食的
貪吃鬼,尤其
喜歡吃甜食。
充滿熱情與活力,最大
的特色是嗓門很大,並且
以小南為傲!

目錄

巧克力一條多少錢？

太棒啦！！！

福利社竟然進了YS牌巧克力！有花生跟薄荷兩種口味喔！

真的假的！？

而且重點是，福利社妹妹換成了很正的妹……

不過那妹酷酷的，是省話一姐。

哦！怎麼說？

8

剛剛我去的時候啊……

我要兩條薄荷巧克力。

薄荷貴10元。

可是我比較喜歡薄荷的……

這樣啊……那薄荷跟花生各一條好了。

30元。

好想跟她要電話喔……但我看還是算了……

什麼呀？這妹也太怪了吧！

毛弟、小南，看看我買了什麼！

花帥也買了！？

當然，YS 牌巧克力總是缺貨，很難買到。一聽說福利社有，我立馬去買了！

而且你知道的……那個妹……完全就是我的菜……

真有這麼正喔！

哼，不只如此，我看我跟她是情投意合。

最好是啦！

我買一條薄荷兩條花生，她只算我 40 元。絕對是對我……

其實真相是……

我要買一條薄荷巧克力、兩條花生巧克力。

40。

只說兩個字……

10

既然薄荷比花生貴了 10 元，那薄荷就是 20 元啦！

貴 10 元。

嗯哼，的確這樣沒錯，不過我的一定比較便宜，因為我總共買三條，但只花了 40 元。

真的是這樣嗎？

毛弟買了一條薄荷一條花生＝ 30 元

花帥買了一條薄荷兩條花生＝ 40 元

花帥比毛弟多買了一條花生巧克力，並且多付了 10 元，

也・就・是・說

你的花生也一樣是 10！塊！錢！

啊啊啊啊啊啊！

一條花生 10 元……

兩條 20 元……

我的薄荷也是 20 元……

協力車！

老師，為什麼是協力車？

哈哈，兩人騎一臺，可以省點租金嘛！

而且……可以增進同學之間的感情，你說對不對啊？

耶～機會來了！

不過，車店的協力車不夠，所以有些人得騎單人的。我們總共30人，租了18臺車。

快！馬上用剛剛的方法算一下協力車有幾臺！

不就是 12 臺嗎？

怎麼算這麼快！

很簡單啊！

如果 18 臺都是協力車的話，不是可以讓 36 個人騎嗎？

可是我們只有 30 人，表示其中有 6 個人是自己騎的。

18 臺減 6 臺，不就是 12 臺協力車嗎？

有 12 臺耶，看來機會很高……

真的吧！

咦！？

等等我呀！

咻——

15

保持天平兩端的平衡

故事裡小南以左側的方法算出一條花生巧克力的價錢,她是怎麼想的呢?

目標:算出一條花生巧克力的價錢

重要訊息:薄荷比花生貴 10 元

為了達成目標,可以假設一條花生巧克力是 X 元,那麼一條薄荷巧克力就是 X + 10 元。

買一條花生巧克力和一條薄荷巧克力記成:

X +(X + 10)= 30 元。如果減少 10 元,算式會成為:

X +(X + 10)− 10 = 30 − 10,得到 2 個 X 等於 20,也就是:

X = 10,一條花生巧克力是 10 元。

這種解決問題的方法和天平的原理很類似。天平兩端的東西要一樣重,天平才會保持平衡。當兩邊平衡之後,在天平兩端分別加(或減)同樣的重量,天平還是能夠保持平衡。

以下面的圖為例,在天平保持平衡的狀態下,如果拿走天平左邊和右邊的鳳梨,天平依然是平衡的;那麼,你知道一根玉米和幾個蘋果一樣重嗎?

小試身手

利用天平保持平衡的概念來解解看:

① 6X − 35 = 13,X = ?

② 100 − 3Y = 16,Y = ?

③ 2X + 36 = 100,X = ?

雞有幾隻？兔子有幾隻？

班上有 30 人，共借了 18 臺腳踏車，已知有些腳踏車是單人騎的，有些是雙人騎的，那麼各是幾臺呢？ 有沒有發現，這個題目和「雞兔同籠」其實很類似？

統統想成一樣，再來算差異。

例如：農場裏有一些雞和兔子，從上面數有 8 個頭，從下面看共有 26 隻腳，請問雞和兔子各有幾隻？

乍看之下真不知如何解答，不過有個辦法很方便，就是：先把全部都想成同一種，再依照差距來做調整。

一隻雞有 2 隻腳，一隻兔子有 4 隻腳，8 個頭代表雞和兔子共有 8 隻。如果 8 隻全部都是兔子，應該有 32 隻腳，比題目的 26 隻腳多了 6 隻。如果把一隻兔子換成一隻雞，會少 2 隻腳，換 3 次，會少 6 隻腳，就成為題目說的 26 隻腳了！由此可知，農場裡有 3 隻雞和 5 隻兔子。是不是很容易呢？

如果先把所有動物都想成雞，結果會不會一樣呢？如果 8 隻動物都是雞，應該只有 16 隻腳，比題目的 26 隻腳少了 10 隻腳。如果把一隻雞換成一隻兔子，會多 2 隻腳，把 5 隻雞換成 5 隻兔子，就會多 10 隻腳，結果仍然是 3 隻雞和 5 隻兔子，代表無論先想成哪一種動物，結果都會是一樣的。

小試身手

小毛的撲滿裡有許多 5 元和 10 元的硬幣，某天他打開撲滿數了一下，發現兩種硬幣一共 100 枚，金額共 800 元，請問 5 元硬幣和 10 元硬幣各有幾枚？

美味的手工餅乾

麵粉 3 包……奶油 3 條……蛋 5 顆……

小南在看什麼？

是食譜！？

啊！是花帥跟毛弟。

等等放學後，陪我去一趟 YS 超市好嗎？

想買一些做餅乾的材料……

餅乾？

哇！是巧克力口味嗎？我最喜歡了！

沒問題！

小南想買什麼？

放學後

麵粉 3 包……蛋 5 顆……咦？

這……這是什麼？

哈哈……因為特價嘛……我忍不住……

真是的……

奶油 3 條，咖啡 2 罐……

咦？

這……這又是什麼……

呃……因為我妹很喜歡……想説順便買給她……

你還説我咧……

……

統計一下推車裡的東西吧！

麵粉 3 包	$40
糖 2 包	$25
蛋 5 顆	$5
奶油 3 條	$15
咖啡 2 罐	$30
YS 薄荷巧克力 4 條	$15
外星人娃娃 1 個	$80

像這樣，把每種東西的數量與單價列出來。

YA！大特價！

這麼多東西要怎麼算總價？一個一個加起來嗎？

當然不能一個一個加。

想到就頭昏了……

可以先把算式列出來：

（40×3）＋（25×2）＋（5×5）＋（15×3）＋（30×2）

（15×4）＋（80×1）＝？

用括號把數字包起來是什麼意思呀？

你可以把括號想成一個一個袋子！

沒錯！比如第一個袋子是裝著 3 包麵粉，所以麵粉的總價是：
$40×3 = 120$

袋子？

喔～所以第二個袋子裝的是 2 包糖，第三個是 5 顆蛋……

第六個袋子是特價的 4 條 YS 薄荷巧克力！

叮！

最後一盤餅乾，完成嘍！

叮咚！
叮咚！

來了！

哈囉，小南，要不要跟我們去公園玩？

那個……我今天有點事……

好香喔，什麼味道呀？

咦咦咦？

哇！是烤餅乾嗎？我要吃我要吃！

喂！等等呀！

唉，真受不了你們。

這個式子還可以換個算法，

把每個材料的成本分成 100 份，可以得到：

$$\frac{120}{100} + \frac{50}{100} + \frac{25}{100} + \frac{45}{100} + \frac{60}{100}$$

一樣可算出每片的成本是 3 元，而且每片餅乾裡各種材料的成本是麵粉 1.2 元、糖 0.5 元、蛋 0.25 元、奶油 0.45 元、咖啡 0.6 元。

$$= \ 1.2 + 0.5 + 0.25 + 0.45 + 0.6 = 3 \text{元}$$

一片才 3 元，拿去賣肯定賺大錢！

我沒有要賣啦！

可是我不喜歡咖啡口味的……

不過餅乾這麼多，妳吃得完嗎？

我……我另有用途嘛！

鬼打牆中

對呀，而且我不喜歡咖啡口味的。

另有用途？

難道是做給別人吃的？

誰？是誰？這是做給誰吃的呀？

小南……？

唉唷……不關你們的事啦！

這件事，大家就放過小南了吧……

25

運算有順序

大家一定都有購物經驗，如果買了不只一種東西，每一種又不只一件，店員通常會把商品分類，再計算價錢。像右圖一樣。把這些東西的總價列成一個算式，會是：

$$40×3 + 25×2 + 5×5 + 15×3 + 30×2 + 15×4 + 80×1 = 440$$

這個算式的計算順序是「先乘除後加減」，但為什麼不是從左往右算，而是先算乘呢？這是因為，乘法其實是加法的簡便算法。如果不用乘法，只用加法一樣可算出總價，只是算式會變很長：

$$\underbrace{40 + 40 + 40}_{麵粉} + \underbrace{25 + 25}_{糖} + \underbrace{5 + 5 + 5 + 5 + 5}_{蛋} + \underbrace{15 + 15 + 15}_{奶油}$$

$$+ \underbrace{30 + 30}_{咖啡} + \underbrace{15 + 15 + 15 + 15}_{巧克力} + \underbrace{80}_{娃娃} = 440$$

先用乘法可先分別算出各種商品的價錢，再算總價，方便多了！因此人們約定在做四則計算時，先算乘法和除法，再算加法和減法，遇到必須先算的部分就加上括號。

例如：**一枝原子筆 30 元，買了 6 枝藍色原子筆和 3 枝紅色原子筆，需要付多少錢呢？**

結帳時，店員會先數一數總共有幾枝筆再算總價，如果算式列成：30×6 + 3，依據先乘除後加減的約定會得出 183 元，顯然不對。把算式記成：30×（6 + 3）才能先計算總共有幾枝筆，括號裡是 6 枝藍筆加 3 枝紅筆，一共 9 枝，每枝 30 元，共付 270 元，這樣才是正確的。

有括號先算括號，沒有括號就先算乘和除，再算加和減！

成本不簡單

成本：是製造及銷售一種產品所需要的費用。例如，做餅乾需要材料，購買材料花費的錢就是一種成本。

故事裡的小南計算出的材料費用是 300 元，共做成 100 片餅乾，所以每片餅乾的材料成本是 3 元。百貨公司的手工餅乾每包 10 片，賣 100 元，平均一片 10 元。

可能有人覺得百貨公司的手工餅乾太貴了，但是這樣的比較並不公平，因為實際的成本除了製作餅乾的材料之外，還包括製作餅乾使用的水費、電費、瓦斯費、包裝餅乾的費用、從工廠送到百貨公司賣場的運費、向百貨公司租用場地的費用，以及人員的工資⋯⋯這些全是一項商品的成本，依據成本訂出商品的定價，商人有獲利的空間，餅乾才可能繼續販賣。

反觀自己做餅乾，雖然費力一些，但可以節省包裝及運送的費用，以及場地租金和銷售人力的成本，平均起來當然比較便宜。

大家不妨算一算，在家煮一碗牛肉麵，和在店裡吃一碗分量相同的牛肉麵，花費相差多少錢？在家烹飪不但省錢，而且健康，大家不妨當個省錢一哥或健康一姊吧！

小試身手

使用下面的材料，可以製作出四人份的牛肉麵：

・800 克牛肋條	360 元
・一根胡蘿蔔、兩顆蕃茄	50 元
・少許米酒、滷包	40 元
・麵條	50 元

同樣的牛肉麵，在店裡一碗要價 200 元，請問自己製作可節省多少錢呢？

無限大的愛

花帥你怎麼了？

唉……

心情不好？

你們知道隔壁班的美美嗎？

知道啊！

我昨天寫了一封文情並茂的信，告訴她我有多喜歡她，

結果今天收到她的回信……

她怎麼說？

你被拒絕了？

Dear 花帥
雖然偶也粉喜歡泥，但是偶有一個問題想問泥：
如果美美和泥媽媽一起掉到海裡，泥會先救誰？

Love u 的美美

雖然不算拒絕，但是……

這……

我想了一天還是答不出來……

……

嗚啊啊～我也答不出來……

關你什麼事？

我……我很喜歡美美……

但我也非常喜歡我媽……

咦？

花帥你說「很」喜歡美美，又說「非常」喜歡媽媽。

是啊。

這就是我為難的地方啊啊啊～～

很喜歡跟非常喜歡，哪個比較喜歡呢？

就是沒辦法比較嘛……

我覺得「非常喜歡」好像比「很喜歡」更喜歡吔！

可是我超喜歡美美的啊！

超喜歡喔，好像比非常喜歡要喜歡吔……

但我無敵喜歡我媽媽呀……嗚……

咦咦咦，無敵喜歡好像又比超喜歡還喜歡……

這……感情的事本來就很難比較……

怎麼辦……小南救我……

要比較，一定要有明確的數字，比如誰比較高、誰比較有錢等等。

我比你高！

！

我比你有錢！

165cm

158cm

勝

勝

30

嗯嗯，原來如此！

為什麼你比較高……又比較有錢……

可是我還是不知道怎麼回答美美……

對了！

花帥，你可以畫這個圖案來回答美美！

這是什麼怪眼鏡啊？

老師說，這叫**無限大**！

無限大？

無限大或無限多是一種概念，代表無止境的大。

無限大並不是數字喔。例如，兩個鏡子中間放一枝筆，這枝筆會在鏡子裡產生多少影像呢？因為會無止境的反射，答案是「無限多」，但算不出數目。

所以無限大是最大的數字嗎？

還有一個例子，1除以 3 等於多少？

1 ÷ 3 = ?

三分之一？

我會！0.3333……

因為除不盡，所以用小數表示的話，小數點後面會有「無限多」個 3！

3333333333333 3333333333……

所以無限大是最大的數，卻又不是一個數字，好怪喔！

這就是無限大這個概念奇妙的地方嚕！

可惡～～

那我就這樣回覆美美好了：
我對泥的愛是無限大的！

太帥了！她一定會很感動！

希望如此……

隔天放學後

唉……

花帥你又怎麼了？

?

Dear 花帥

雖然泥對偶有無限大的愛，但偶棉班的小志说，他對偶的愛是「無限大 ×2」！！
所以偶決定跟他在一起ㄌ。

美美

我昨天回覆美美，結果她回覆我……

這……

嗚哇～我失戀了……

可惡！你跟她说你的愛是「無限大 ×3」！

不能這麼说啦……

無限大是無止境的大的意思，所以它乘以 2 還是無限大，

$\infty \times 2 = \infty$

乘以 3 當然也一樣是無限大，並沒有更大啦！

同樣的道理，如果能把一條 1 公分的線剪成無限多段，2 公分的線能剪成幾段呢？

1 公分

2 公分

答案還是**無限多段**！

那 2 公分的無限多，會比 1 公分的無限多，來得更多嗎？

不會喔！

因為都是無限多，無限多並不是明確的數字，不能比較。

又是放學後……

花帥，快去揭穿這個騙局！就說反正不管怎樣，你最愛她啦！

算了吧……

唉……

花帥又怎麼了？

我昨天寫了一封文情並茂的信給福利社的妹妹……

這……對象也換得太快了……

為了避免被打槍，我除了告訴她，我對她的愛是無限大，還提醒她無限大是不能比較的……

哇，花帥真聰明！

……

但她昨天沒來……所以我請福利社阿姨轉交……

結果呢結果呢？

結果今天我才想到……我沒有寫名字啦……

呵呵　果然啊

好孩子寫信一定要記得署名喔！

34

無限大到底是多大？

許多數學問題有標準答案，有些數學問題的答案不只一個，有些數學問題根本沒有答案，或是無意義。

　　我們從小開始數數，隨著年齡增長，數字愈來愈大，從千、萬、億到兆，接下來就很少繼續數下去了。沒有人知道數到哪一個數才是盡頭，因為永遠有更大的數。當然，生活中用不上這麼大的數，但我們仍然忍不住好奇：世界上最大的數是什麼呢？答案就是：無限大。但既然已經無限大，就不能拿來作四則運算了，因為一個無限大和兩個無限大代表的意義相同，都是無限大，沒有精確的數字，無法精確的比較。

　　除了數數之外，生活中還有一些無法精確描述的事物，例如：天有多高？海有多大？我們找不出適合的工具來測量，所以很難得到精確的答案。有些事物則因為改變的速度太快，也很難得出精確的數，例如：全世界的人口，因為每分每秒都有人出生，有人死亡……像這樣的事物，只能用大概的數值來表示。

　　許多數學問題有標準答案，有些數學問題的答案不只一個，有些數學問題根本沒有答案，或是無意義。例如「$5 \div 0$」就是無意義的問題，因為沒有一個數乘以 0 會等於 5。有些數一輩子也算不完，只會不斷重複下去，例如 $1 \div 3 = 0.3333$……，這種小數稱為循環小數，3 會不斷重複循環。還有些數既不重複，也算不完，例如圓周率 3.1415926……小數點後面的位數有無限多個。

　　看來在數學中，也有不那麼精確的部分，只能用符號來傳達其中意義。我們用「∞」表示無限大，而數學以外，有許多抽象、無法計算的概念，也可以用這個符號表示，例如：幸福、快樂、勇敢、痛苦……父母對子女的愛無限大，同學們面對學習的勇氣，是否也是無限大呢？

做餅乾，玩面積

噹～噹～噹～

嘩！

放學啦！

下課啦～
下課啦～

花帥、毛弟！

怎麼了，
小南？

可以陪我去一
趟 YS 超市嗎？

好呀！

小南想買
什麼？

想買一些做餅
乾的材料……

又要做餅
乾了？

哇！太棒了！

哈哈……這次來
做毛弟最喜歡的
巧克力口味吧！

萬歲！
萬歲！

不過，你們要
來幫忙喔！

當然嘍！

沒問題！

那我們去買
材料吧！

隔天是假日

小南家的廚房

麵糰完成了！

接下來是最有
趣的部分！

可以吃了嗎？

哪有這麼快啦！

37

好多形狀喔!

哈哈……這些是跟桃子去逛街時買的!

要怎麼使用呢?

我們用這些模具,來做不同形狀的餅乾。

像這樣取下一塊麵糰。

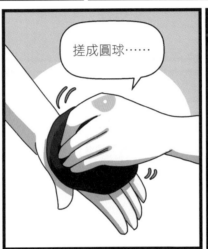

搓成圓球……

在乾淨的桌面上擀平……

拿著模具由上往下壓。

完成了!

把壓好的麵糰放到烤盤上,等著烤出香噴噴的餅乾吧!

哇！好有趣！

我也來玩！

不過，要做三角形的餅乾很容易啦！

先用方形的模具做出形狀，再用攪拌刀對切一下就 ok 了！

怎麼沒有三角形的模具？

喔，真的叻！

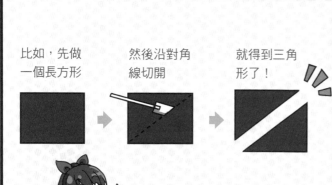

比如，先做一個長方形

然後沿對角線切開

就得到三角形了！

換我換我！

三角形也可以這樣切……

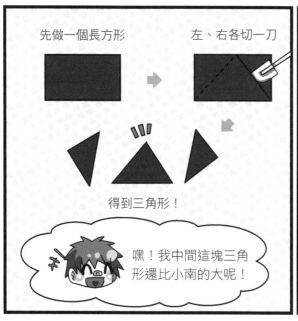

先做一個長方形

左、右各切一刀

得到三角形！

嘿！我中間這塊三角形還比小南的大呢！

有嗎？小南切的三角形比較大吧！

哪有！明明是我的比較大！

這樣切比較大！

是這樣切！

不對！

明明就對！

啊！你切到我的手了啦！

攪拌刀切到又不會痛！

你們……別再吵了……

其實這兩種切法，得到三角形是一樣大的。

什麼！？

可是形狀不一樣呀！

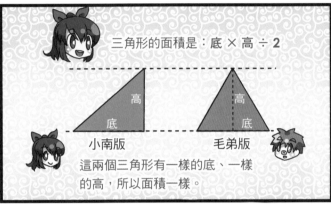

三角形的面積是：底 × 高 ÷ 2

高
底
小南版

高
底
毛弟版

這兩個三角形有一樣的底、一樣的高，所以面積一樣。

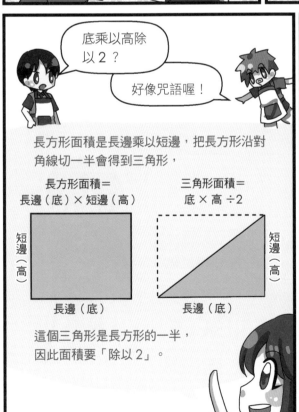

底乘以高除以 2 ？

好像咒語喔！

長方形面積是長邊乘以短邊，把長方形沿對角線切一半會得到三角形，

長方形面積＝
長邊（底）× 短邊（高）

三角形面積＝
底 × 高 ÷ 2

短邊（高）
長邊（底）

短邊（高）
長邊（底）

這個三角形是長方形的一半，因此面積要「除以 2」。

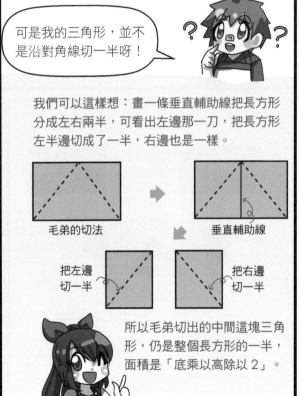

可是我的三角形，並不是沿對角線切一半呀！

我們可以這樣想：畫一條垂直輔助線把長方形分成左右兩半，可看出左邊那一刀，把長方形左半邊切成了一半，右邊也是一樣。

毛弟的切法

垂直輔助線

把左邊切一半

把右邊切一半

所以毛弟切出的中間這塊三角形，仍是整個長方形的一半，面積是「底乘以高除以 2」。

所以，從同一個長方形切出的三角形，不論頂點位在長邊的哪裡，面積都一樣囉？

答對了！

頂點

短邊（高）

長邊（底）

但這樣切的話，面積就比較大了吧？

因為比三角形多出一塊。

上底

高

下底

沒錯，這是梯形，面積是：（上底＋下底）×高÷2。

上底加下底……

哇！這句咒語更長了……

可以這樣想：把梯形拆成兩個三角形

上底

b

a

高

下底

三角形 a 面積＝下底×高÷2
三角形 b 面積＝上底×高÷2
梯形面積＝（上底＋下底）×高÷2

可以這樣拆嗎？畫兩條垂直輔助線。

上底

高

下底

面積＝底 a×高÷2
面積＝底 b×高
面積＝底 c×高÷2

底a　底b　底c

➡ 梯形面積等於這三個面積相加

這個畫法很一目了然哪！

可以唷！你算算看會發現，結果跟（上底＋下底）×高÷2 是一樣的喔。

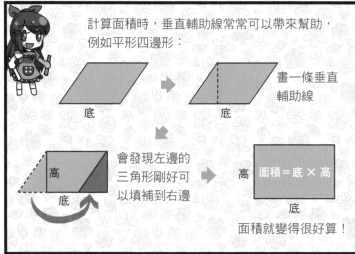

計算面積時，垂直輔助線常常可以帶來幫助，例如平形四邊形：

底

畫一條垂直輔助線

底

會發現左邊的三角形剛好可以填補到右邊

高

底

面積＝底×高

高

底

面積就變得很好算！

其他的形狀也可以這麼做嗎？

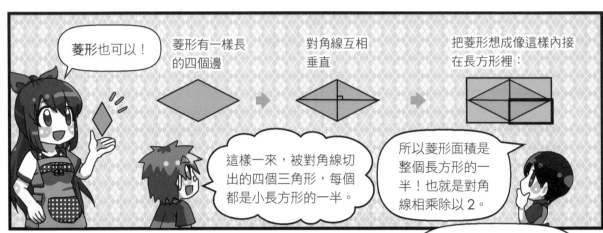

菱形也可以！

菱形有一樣長的四個邊

對角線互相垂直

把菱形想成像這樣內接在長方形裡：

這樣一來，被對角線切出的四個三角形，每個都是小長方形的一半。

所以菱形面積是整個長方形的一半！也就是對角線相乘除以2。

可以內接在長方形內的形狀還有這個：鳶形！

鳶形長得跟菱形不太一樣，但對角線也是垂直的。

就是風箏的形狀嘛！

咦！所以面積也是整個長方形的一半嘍！又是對角線相乘再除以2。

換句話說，即使是不規則的四邊形，只要對角線垂直，面積都是對角線相乘再除以2！

好方便！

耶！以後面積就難不倒我了！

但如果是對角線不垂直的不規則形狀，就要另外找解法了。

不垂直

總之，先檢查對角線是否垂直，是很聰明的撇步唷！

叮——

什麼聲音？

好香喔！

是第一批餅乾烤好了。

歐耶～～

喂，別急啊！

燙呀！！

就跟你說慢一點……

只要學會計算三角形和四邊形的面積，就可以計算出各種幾何圖形的面積。

三角形和四邊形的妙用

在這個單元中，我們學會了三角形和各種四邊形的面積怎麼計算。長方形的面積＝長 × 寬；正方形的面積＝邊長 × 邊長；平行四邊形的面積＝底 × 高；三角形可以想成平行四邊形的一半，所以三角形的面積＝底 × 高 ÷2。

有了這些基本知識，接下來就方便了，因為五邊形、六邊形……或其他更複雜的幾何圖形，都可以切成三角形或四邊形來計算面積。

例如一個五邊形，只要加上一條線，就可以分成一個三角形和一個梯形；或加上兩條線，可分成三個三角形。

正五邊形可分成一個三角形和一個梯形。

任何五邊形可用兩條線分成三個三角形。

一個六邊形，只要加上幾條線，可以分成六個三角形，也可以分成四個三角形：

正六邊形可用三條線分成六個正三角形。

任何六邊形可以用四條線分成四個三角形。

所以，我們不需要記太多計算面積的方法，只要學會計算三角形和四邊形的面積，就可以計算出各種幾何圖形的面積。例如：小明想製作一架模型飛機，其中一個機翼的形狀是六邊形。我們只要把這個六邊形想成左右兩個相同的梯形，就可以用計算梯形面積的方法，算出機翼的面積＝(10 ＋ 4)×25÷2×2 ＝ 350 平方公分。

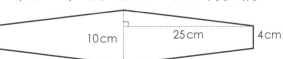

10cm　　25cm　　4cm

小試身手

學校規劃了一塊六邊形的土地，讓同學進行「小田園」活動，各班同學可以認養土地種植蔬菜或花卉，你能算出這塊土地的面積嗎？

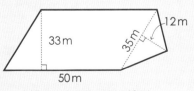

33m　35m　12m

50m

小提示：左側為平行四邊形。

歡樂的果汁party

大魔王！決一死戰吧！

可惡！果然是你拿走最後一瓶果汁！

啊！

咕嚕　咕嚕

怎麼這樣！還我！

是我先拿到的！

那又怎樣！

咦？

黑心 20% 純果汁

是花帥和小南呀～
快進來～

啊！！！！

花帥和小南
來了。

幹嘛叫那麼大聲啦！

你在喝黑心牌果汁
嗎？不能喝啊！

誰跟你喝黑心牌，
看清楚，這是 YS
牌純果汁！

YS 牌純果汁……

長得真的好
像啊……

這……黑心牌根本
是仿冒品嘛……

不過，仔細看還是
不一樣，至少果汁
的含量不同。

黑心牌也太黑心了！
果汁才 20，塑化劑竟
然 50！比果汁還多！

但不是這樣比
的啦……

所以才叫黑
心牌啊！

20％純果汁是指，
每 100 ml 飲料裡含
有 20ml 的果汁。

% 是百分之一的意思

$$\% = \frac{1}{100} = 0.01$$

並不是一瓶飲料裡的
果汁含量是 20ml。

以 600ml 的黑心牌果汁來說，
20%的果汁含量，代表果汁占了其中的
600×20% = 600×20×0.01 = 120ml

480ml 的其他成分

120ml 的果汁

花帥的 YS 牌果汁裡，果汁含量為 100%，
代表 600ml 全部都是果汁。

600ml 的果汁

我有問題！

所以果汁含量不可能是 120%嘍？

沒錯！不會有超過 100%的含量。

否則 600ml 的果汁裡，純果汁含量卻是 720ml，不是很不合理嗎？

啊啊啊！我裝不下了！

可是，為什麼要用「%」來表示呢？

因為它長得像臉吧！

哈哈……當然不是啦！

%＝$\frac{1}{100}$＝0.01，這三種表示方式中，以第一種看起來最舒服。因為它能用整數來表示。

果汁含量 20%

整數

果汁含量 $\frac{1}{5}$

分數

果汁含量 0.2

小數

用分數和小數真的是有一點「不蘇胡」。

會嗎？

$\frac{1}{5}$ 或 0.2 看起來或許還好，如果是別的分數和小數就不一定了。

例如，黑心牌果汁的塑化劑是 50ppm。

ppm 是百萬分之一的意思，也就是說：

$$1ppm = \frac{1}{1000000} = 0.000001$$

$$50ppm = \frac{1}{20000} = 0.00005$$

個十百千萬……

零點零零零零……

嗚啊！眼花了～

100 萬分之一乘以 50……

這時候用 ppm 表達就清楚多啦！

清楚

明瞭

50 ppm

因為 ppm 直接把前面的數字放大 100 萬倍，就不用一直算有幾個零，也不用約分了。

只要記得 ppm 的意思，有需要再計算就好。

其實用分數表示，也沒那麼麻煩吧！

是毛姊姊！

哇！妳還在！？

我一直都在好嗎？

而且百萬分之一也可以這樣寫呀。

$$\frac{1}{1000000} = 10^{-6}$$

這樣也不用一直去算有幾個零！

為什麼百萬分之一是 10^{-6} 啊？

因為一百萬是 10^6 啊！

那為什麼一百萬是 10^6？

因為百萬分之一就是 10^{-6} 嘛！

咦？妳根本沒有回答我嘛！

去問小南啦！

吵死了，老師就是這樣教的呀！

次方的表示方式也是為了方便簡潔。

10 的 6 次方代表 10 相乘 6 次，也就是 100 萬。

❶ ❷ ❸ ❹ ❺ ❻

$$10 \times 10 \times 10 \times 10 \times 10 \times 10$$
$$= 1000000 = 10^6$$

那為什麼百萬分之一是 10^{-6}？

因為百萬分之一是分數嘛！

負的真的好怪喔……

為什麼分數就要用負的啊？

為什麼你有那麼多煩死人的為什麼啊？

毛姊姊説是因為分數，其實沒説錯喔。

$$\frac{1}{10^6} = 10^{-6}$$

寫成分數一百萬分之一時，分母為 10^6，6 是正的。但如果以次方表示，6 會變成 -6。

因為分數的乘法是這樣的：$\frac{1}{a} \times a = 1$

例如 $\frac{1}{4} \times 4 = 1$

前後互為倒數

$\frac{1}{9} \times 9 = 1$

前後互為倒數

次方的乘法則是這樣：
$$a^n \times a^m = a^{n+m}$$

$$10^2 \times 10^3 = 10^5$$

2 個 10 相乘　　3 個 10 相乘　　總共 5 個 10 相乘

把兩件事情套在一起，就會發現：
$$\frac{1}{a^n} \times a^n = 1$$

因為任何數的 0 次方都是 1，所以
$$\frac{1}{a^n} \times a^n = 1 = a^0$$

看出端倪了嗎？

啊！！

因為 a^n 乘了 $\frac{1}{a^n}$ 之後變成 a^0 了！

我的 n 加了一個數之後怎麼變成 0 了？難道你是……

哼哼沒錯……我的另一個身分就是……a^{-n}！

沒錯！所以負的次方其實是正的次方的倒數，是分數，絕對不是負數喔！

我不是負數

$$10^{-6} = \frac{1}{10^6}$$

是倒數

又正又負、又加又乘的，真的很容易搞混地！

沒辦法……都是為了簡潔方便嘛。

把意義搞清楚就不會弄混啦！

說了那麼久，口也渴了吧？

哇！是 YS 牌的吔！

這不是很貴嗎？

我剛從市場買了新的果汁回來，一起來喝吧！

太棒了，謝謝媽媽，我要喝啦～～

啊？

怎麼了嗎？

等、等一下，好像哪裡怪怪的……

這……Y5 牌？果汁成分單位是千分比！？

媽～不要再買來路不明的便宜貨了啦！！

咦！？

買果汁請認明正版喔！

一目了然的百分率

　　對於百分率符號％，相信很多同學都不陌生，要注意的是，「％」搭配上不同的文字，意義也不一樣，例如市面上產品的包裝常出現百分率的符號，有時代表成分中的果汁含量，有時卻與成分無關，而是指增加多少，像 20％ EXTRA FREE，意思是指每 100ml 多送 20ml，有些包裝上會再標出多送的分量，如「多 50c.c.」，因為以數字來看，50 比 20 多，感覺會更優惠。增量 8％則代表分量比原來多了 8％，但可能只是 2 根巧克力棒，所以不特別標示多了幾根。

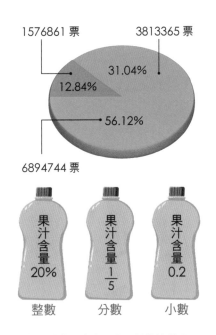

1576861 票　　　　3813365 票

31.04%

12.84%

56.12%

6894744 票

整數　　　分數　　　小數

果汁含量 20%　　果汁含量 $\frac{1}{5}$　　果汁含量 0.2

▲上圖的表示方式，哪一種最清楚呢？

　　選舉的得票統計也常用％表示，比真實的得票數更容易表現候選人受支持的程度。

　　學校裡的考試習慣以 100 分為滿分，原因很簡單，因為當總量為 100 時，最容易讓人掌握「部分和全體的關係」。試想，如果一份考卷的滿分是 73 分，考了 56 分究竟算不算令人滿意的成績呢？可能很多人都說不上來吧！這就是百分率「％」比分數和小數的表示方法更清楚、更受歡迎的原因了。

次方和倒數

在加法中，如果同一個數字連續加很多次，我們會用乘法做記錄，例如 $2+2+2+2+2=2\times5$；在乘法中，如果一個數字連續乘很多次，我們會用次方來記錄，例如 $2\times2\times2\times2\times2\times2=2^6$。

次方是一種方便的表示方式，也可以相乘，但記錄時要特別小心，例如 $10^2\times10^3=10^5$ 而不是 10^6，因為：

$$\frac{10^2}{10\times10} \times \frac{10^3}{10\times10\times10} = \frac{10^5}{10\times10\times10\times10\times10}$$

生活中，使用整數表示數量，比用分數或小數清楚多了。

生活中，使用整數表示數量，比用分數或小數清楚多了，所以科學家會利用不同的單位讓表達更清楚。例如以 ppm 代表百萬分之一，就不用記成複雜的分數或小數。

$$1\text{ppm} = \frac{1}{1000000} = 0.000001$$
$$50\text{ppm} = \frac{1}{20000} = 0.00005$$

ppm 也可以用「次方」來表示，$1\text{ppm} = \dfrac{1}{10^6}$。

但分數還是比較複雜，可以進一步改成負數的次方，$\dfrac{1}{10^6} = 10^{-6}$。

記住，10^{-6} 並不是負數，而是 10^6 的倒數，也就是把 10^6 倒過來，放在分母的位置。

$$10^{-6} = \frac{1}{10^6} = \frac{1}{10\times10\times10\times10\times10\times10}$$

$2^{-3} = \dfrac{1}{2^3}$，2^{-3} 是 2^3 的倒數，而不是負數！

而且你發現了嗎？倒數相乘會等於 1 喔！

$$10^{-6}\times10^6 = 1 , 2^{-3}\times2^3 = 1$$

小試身手

有個品牌的口香糖，每包原本有 5 片，後來改成 7 片裝，但價格不變，你知道這樣是增量多少%嗎？

眼花花拼圖

小南、小南。

桃子？

妳看這個！

哇！好漂亮喔！

嘿嘿！這是現在最流行的「YS 牌眼花花拼圖」！

眼花花拼圖？

沒錯，這種拼圖每一片的形狀都一樣，所以會拼到眼花花。

拼完之後再用色鉛筆塗顏色，塗完眼睛就變這樣嘍。

好……好厲害……

我昨天畫到半夜 12 點才畫完⋯⋯現在頭還有點暈⋯⋯

你還好嗎⋯⋯

不行了⋯⋯我要去休息一下⋯⋯

保重啊⋯⋯

哇，好漂亮喔！

啊，是花帥跟毛弟！

這是什麼啊？

這是現在很流行的眼花花拼圖啊！

嗯嗯，這是桃子畫的唷！

我家也有買，而且全套都有喔！

真的嗎？我也想玩我也想玩！

我週末帶去你家玩吧！

太棒了！

週末

好慢喔……
怎麼還不來……

已經遲到2分
又37秒了吧

怎麼啦？

花帥説要帶眼花花拼圖來一起玩，可是到現在還不來……

眼花花拼圖？

對啊，是現在最流行的拼圖喔！

叮咚！

耶！！來了來了！

打擾了！

我們來了！

快點來玩吧！
快點快點！

半小時後……

哇！我不行了～

喂！別偷懶，還拼不到一半吧！

我眼睛……好花……

一般的拼圖

眼花花拼圖

這拼圖太難了吧……全部都是正三角形……

的確比較難，不像一般的拼圖可以先找出邊邊的。

不管了，我要休息！

真是的！

咦？

為什麼盒子上寫「眼花花拼圖 3」？

可能是第三版吧！

這個「眼花花拼圖 4」呢？

那就是第四版啊！

這個寫「眼花花拼圖 6」耶！

你自己不會舉一反三嗎？

那就是第六版啊！

那第五版呢？

嗯？

還有第一、第二版呢？

你不是說你家有一整套？沒有第五版嗎？

我家沒有第五版啦，不過關於第五版……我倒是聽說……

聽說第五版在市面上極為少見……幾乎沒有人看過……

但我鄰居的同學他阿姨的表弟曾經買到過第五版……結果發生了很恐怖的事情……

58

什……
什麼事情……

你是問發生了
什麼事情嗎？

因為太恐怖了，所以對方不
敢説……到現在還沒有人知
道到底發生了什麼事……

這……太
恐怖啦！

這故事可信
嗎……

你們還在玩啊？

媽！

毛媽媽好！

剛剛去市場，剛好看
到你們那個拼圖，所
以買了一盒！

哇！媽媽
最好了！

謝謝
毛媽媽～

這……
這是……

怎麼了？

嗚啊！
太可怕了！

咦？難道是……

這不是傳說中的
第五版！？

我知道了啦！

知道了？

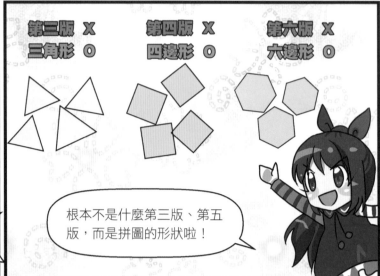

第三版 X
三角形 O

第四版 X
四邊形 O

第六版 X
六邊形 O

根本不是什麼第三版、第五版，而是拼圖的形狀啦！

我們剛剛玩的是眼花花拼圖 3，每片拼圖都是正三角形。

昭花花拼圖 3

我有問題！

那為什麼沒有眼花花拼圖 5 呢？

這裡不就有一盒嗎……咦？

這……這是「哏花花拼圖 5」？

哏花花拼圖 5

媽～～妳又亂買盜版貨了啦！

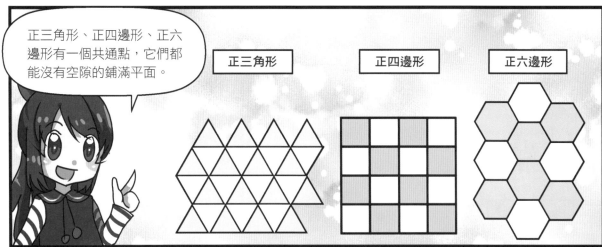

正三角形、正四邊形、正六邊形有一個共通點，它們都能沒有空隙的鋪滿平面。

正三角形

正四邊形

正六邊形

但正五邊形沒辦法鋪滿平面，所以沒有「眼花花拼圖5」。

正 邊
五 形

真的耶！沒辦法拼。

為什麼正三、四、六邊形可以，正五邊形不能呢？

這和它們的內角度數有關。

五邊形好可憐

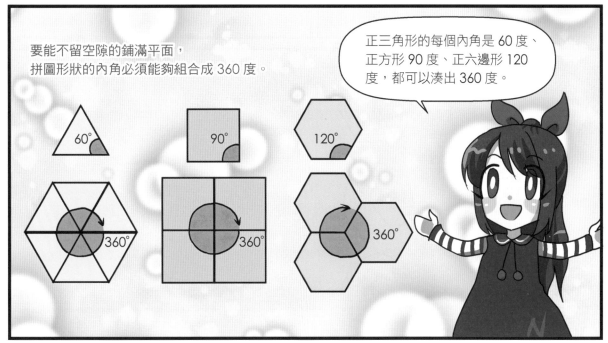

要能不留空隙的鋪滿平面，拼圖形狀的內角必須能夠組合成 360 度。

正三角形的每個內角是 60 度、正方形 90 度、正六邊形 120 度，都可以湊出 360 度。

60°

90°

120°

360°

360°

360°

反觀正五邊形，每個內角是 108 度，湊不出 360 度，怎麼拼都會有縫隙。

還差 36°

324°

我還有問題！

怎麼知道正五邊形的內角是 108 度啊？

正多邊形的內角跟三角形有關喔！

三角形的內角加起來是 180 度。

180°

正五邊形可以切成三個三角形，所以內角加起來是 180×3 = 540 度，平均分給五個角，每個角就是 108 度。

180°　180°

180°

$180 \times 3 = 540$

$540 \div 5 = 108$

所有正多邊形都可以依樣畫葫蘆，算出內角喔！

原來如此！我算算……正六邊形是 120 度、正七邊形是 128.6 度，正八邊形是……

正六邊形

$180 \times 4 = 720$
$720 \div 6 = 120$

正七邊形

$180 \times 5 = 900$
$900 \div 7 = 128.6$

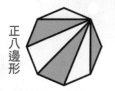

正八邊形

$180 \times 6 = 1080$
$1080 \div 8 = 135$

事實上，能夠鋪滿平面的正多邊形只有正三、四、六邊形這三種。

這麼少？

因為正多邊形的邊愈多，內角愈大。換句話說，要湊到360度需要的角愈少。

360°

仔細看，六邊形的內角120度，只要三個角就湊成360度了。

接下來，就是用兩個角湊360度，代表內角是180度，但這是不可能的。

你是誰的內角？

呃，我……

180°

換句話說，眼花花拼圖只會有這三種版本，沒有其他版本了。

好！既然只有這三種，我們就一起努力完成吧！

真有鬥志！

剛剛最先放棄的是誰啊？

小南早安！

桃子早！

你來的正好，你看這是我周末完成的眼花花拼圖……

先別説這個了，你聽過眼花花投籃機嗎？

投、投籃機？

對啊！附近的 YS 超市新進的機種。

投籃時籃板會不停轉動，像螺旋一樣，一旦超過 100 分，旋轉還會加速，超好玩的啦！

我昨天玩了 10 次，終於破紀錄拿到 200 分喔！下課一起去玩吧！

我想……還是下次吧……

到底是誰帶起這波眼花花流行的啊……

美麗的鑲嵌圖案

　　日常生活中，經常可以看見美麗的鑲嵌圖案，例如建築物的外牆、人行道的地磚……等等，這些圖案多數由簡單的幾何圖形構成，最常見的就是長方形或正方形，也有菱形、正六邊形。想要完整的覆蓋平面，並且沒有重疊，也沒有縫隙，用來鑲嵌的幾何圖形的角，以某個頂點集合在一起時，角的和必須剛好等於 360 度，驗證看看是不是果真如此。

> 請找出下面圖案裡的幾何圖形，並拿出量角器測量看看，集合在同一個頂點的角度總和是不是 360 度？

> 想一想、做一做：

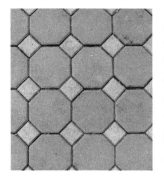

左圖裡正八邊形的一個內角是 135 度，不能直接拼成 360 度，但可用兩個正八邊形拼成 270 度，再連接一個正方形的 90 度，剛好拼成 360 度。那麼右圖呢？

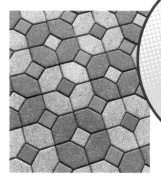

小試身手

看了這麼多例子，請你自己試著利用「兩種多邊形」設計鑲嵌圖案。

打折大作戰

讓我們歡迎！ YS 樂團！

姊你看好久了，該我看了吧？

別吵！今天的「YS 玩很大特別節目」有 YS 樂團，我一定要看！

哪裡不一樣？都是 YS 樂團啊！

穿的不一樣啊！講的話跟唱的歌也不一樣！

剛剛不是也有 YS 樂團嗎？

剛剛是「YS 榜上榜特別節目」，是不一樣的節目啊！

換我看了啦！

想得美！

小南和花帥來了，你快去開門吧！

打擾了！

歡迎歡迎！

我帶了 YS 牌新出的桌遊，一起來玩吧！

一秒忘記要看電視

哇！太棒了！

過了一小時

好餓喔！

我也是。

不知不覺快中午了！

附近有一家餐廳新開幕，打八折，我帶你們去吧！

哇！太棒了！

謝謝毛媽媽！

我不去。

咦？為什麼？

我和同學約好要去逛街了。

那你自己注意安全喔！

安啦！

呼！好飽喔！

吃飽了吧？那我去結帳嘍！

謝謝毛媽媽！

一共 900 元。

咦？

不是打八折嗎？

跟您說明一下，您今天的餐點是 1000 元，打八折再加一成服務費，共 900 元。

本店另加一成服務費。

你們又沒有什麼服務，還要加一成服務費！？

不好意思，這是公司規定。

字好小喔……

不對啊！

1000 元打八折，再加一成服務費，不是 880 元嗎？
打八折：1000×80％＝ 800
加一成：800 ×110％＝ 880

會不會是先加服務費再打八折？

這樣也是 880 元啊！
加一成：1000 ×110％＝ 1100
打八折：1100×80％＝ 880

服務費是以原價計算喔。

什麼？
原價計算？

不好意思，這是公司規定。

哪有這樣的！

你們只寫打八折，服務費的規定根本沒有寫清楚嘛！

不好意思，請見公司規定。

本餐廳具有活動最終解釋及決定權。

謝謝光臨。

吼～氣死人了！

這種黑店應該給它公布在網路上……

媽！你已經念了半小時啦～

欸？那不是毛姊姊嗎？

你們吃飽了？

是氣飽了！

什麼？太小氣了吧！打八折還這麼不乾不脆！

我中午跟同學去吃的火鍋店就大方多了，打六折呢！

六折！？

對呀，你們看！

哇！六折呢！

二人同行第二人6折！

好便宜喔！

六折聽起來很便宜，可是「第二人六折」其實沒有比八折便宜呀！

啊？

70

假設兩人吃的都是 100 元的火鍋，
第二人六折就是：

 ＋ ＝ **160 元**

第一份火鍋　　　　　第二份火鍋
100 元　　　　　　　100×60% = 60 元

如果是打八折：
（100 ＋ 100）× 80% ＝ **160 元**

兩人一共花了 160 元，跟打八折的價格是一樣的。

咦！所以便利商店的「第二件五折」，也不是真的五折？

等於只有 75 折！

沒錯，是一種行銷手法。

而且這種活動，第二件通常以價低者計算。
例如第一份火鍋 150 元、第二份火鍋 100 元，會把較便宜的 100 元打六折：

 ＝ **210 元**

150 元　　　　　100×60% =60 元

＝（150 ＋ 100）× **84%**

換算下來只打 84 折！

還有啊，因為是第二件六折，一定要買兩件才有折扣，這也是一種行銷手法。

咦？

商人真的好詐！詭計一堆……

誰叫消費者要上當啊！

話說回來，姊的戰利品好多喔！

該不會都是因為第二件六折才買的吧！

這……這是因為……

正好有特惠活動，所以買了一些 YS 樂團的周邊。

特惠？

72

而且，如果買的金額不是剛好1000，而是高於1000，那就比九折還貴了。

新鮮果汁～
買四送一～

所以又是……

行銷手法……

商人真的好厲害……

什麼聲音啊？

好像有果汁店在促銷的樣子。

口也渴了，我們去買吧！

剛好買四送一

你好，新鮮果汁買四送一喔！

真的嗎？

一定又是行銷手法吧！

是真的買四送一喔！

不如妳先把公司規定拿出來，我們看一看吧！

是真的買四送一啦！

我放大鏡都準備好了！

該不會要加服務費吧？

該不會送的那一杯要下次才能領吧？

買四送一等於打幾折呢？聰明的讀者可以算算看唷！

你是消費高手嗎？

我們每天的生活，無論食、衣、住、行、育、樂……都離不開消費。每個人都希望付出最少的錢，獲得最高的報酬，店家也就絞盡腦汁提出各種促銷方案，例如：全館八折、第二件六折、買一送一、加一元多一件、四人同行一人免費、滿一千折一百、消費滿兩千免運費等等。

面對五花八門的折扣，我們該如何精打細算，才能成為最聰明的消費者呢？首先，我們必須了解各種折扣和收費相關的用語。

打折：是指降低商品價格。一折是原價的 10％，打九折是以原價的 90％計算，打七五折是以原價的 75％計算，折扣愈低愈便宜。打折還有一種表示方式：OFF，去國外旅行時經常能看見，例如 20％ OFF，意思是原價降低 20％，和打八折的意思一樣；15％ OFF 等於打八五折。

另外有些商店會說「滿一千折一百」，意思是消費滿 1000 元，可少算 100 元；滿 2000 元，少算 200 元，依此類推。這和「打九折」類似，但不太一樣。如果正好消費 1000 元，折 100 是 900 元，等於打九折；但如果消費 1800 元，也只能折 100，就不如打九折划算了。

小試身手

①甲乙兩家餐廳各自推出優惠方案：甲餐廳「買四送一」，乙餐廳「四人同行一人免費」，哪一家餐廳的方案比較優惠呢？

②有三家超商，對於相同的果汁推出不同的優惠方案：

甲：每瓶 20％ OFF　　　乙：第二件六折　　　丙：一次買三瓶打七折

小毛要買五瓶果汁，你會建議他到哪一家商店買比較便宜呢？

加成：是增加一定的比例。有些飯店、餐館或咖啡廳會收取「一成」的服務費，「一成」和「一折」一樣，都是原價的 10%。

會數學，能讓你做個聰明的消費者。但更重要的是，只購買需要的東西，不為折扣而多買，反而可能更節約。

哪家最便宜？

有三家餐館推出同樣的菜色，定價都是 1800 元，但各家的折扣方案不同：

A 店：八五折、B 店：20% OFF、C 店：滿五百折一百，請問哪一家最便宜？

- **A 店**：把定價乘以八五折，為 $1800 \times 85\% = 1530$ 元
- **B 店**：把定價扣除折扣，為 $1800 - 1800 \times 20\% = 1440$ 元，相當於八折
- **C 店**：因為 $1800 = 500 \times 3 + 300$，所以可扣除 $100 \times 3 = 300$ 元，價錢 $= 1800 - 300 = 1500$ 元，相當於八三折左右

答案是：B 店最便宜。

加上服務費，還是一樣嗎？

延續上面的例子，如果 A、B、C 三家店收取服務費的狀況如下，那麼在哪一家用餐，最後付的錢最少呢？A 店：收取一成服務費，先打折再加成、B 店：收取 15% 服務費，先加成再打折、C 店：收取一成服務費，先打折再加成。

- **A 店**：$1800 \times 85\% + 1530 \times 10\% = 1683$ 元
- **B 店**：$1800 \times 115\% \times 80\% = 1656$ 元
- **C 店**：$(1800 - 300) \times 110\% = 1650$ 元

答案是：在 C 店用餐付的錢最少。

市面上常見的折扣活動還有很多，例如「買十送一」、「一杯 50 元，兩杯 80 元，三杯 100 元」、一張「來回票」比兩張「單程票」的價錢低……目的都是鼓勵消費者多買。許多人為了打折而多買，最後反而花了更多錢。

草莓巧克力猜猜樂

小南、毛弟，早安！

早安！

花帥早！

你們吃過 YS 牌新出的巧克力嗎？

哇！又出新口味了嗎？

對啊，這次是草莓口味喔！想吃吃看嗎？

想想想！

我昨天有多買一些，分你們吃吧！

太棒了！謝謝花帥！

嗯，真好吃。

好好吃喔！

毛弟要不要拿一條給姊姊？

好呀，不過你有這麼多嗎？

其實……

這、這麼多！

沒錯……

好吃是好吃，不過買這麼多幹嘛？

對啊，你有錢沒處花可以跟我說啊！

事情是這樣的……

前一天下午

哥～他們在幹嘛？

好像有活動，我們去看看吧。

買 YS 新品草莓巧克力，就可以參加猜謎遊戲，猜中可以獲得 YS 草莓娃娃一隻。

猜謎遊戲？

YS 新品促銷猜謎遊戲，歡迎參加喔！

哇！好可愛好可愛好可愛！

哥～你知道
差幾張嗎？

我……我當然
知道啦！

哇！哥哥
最棒了！

差……差5張！

猜錯嘍！答案
是差2張！

！？

哥哥騙人！你
不是知道嗎～

可惡！我剛剛只是
運氣不好，這次一
定會猜中！

我的草莓
娃娃啦！

再買一條草莓
巧克力！

好的，那您可以
再玩一次唷！

又猜錯了。

再一次！

又猜錯了。

再一次！

哥哥加油！

還是猜錯了。

就這樣玩了二十幾
次才猜中……

79

二十幾次才猜中，花帥的運氣也太差了。

沒辦法啊，一點線索都沒有，只能亂猜。

我最近運氣好得很，放學後一起去試試吧！

好啊！

就在前面。

歡迎！

你好，我要玩猜謎遊戲。

先洗牌……

然後分兩疊……

算一下少的這一疊……有7張！

請猜猜這疊的草莓牌和另一疊的花生牌相差幾張。

嗯……我猜是……是……

差3張。

叮咚！答對了！

哇！謝謝！

我就說我運氣很好吧！哇哈哈哈！

剛剛是小南猜中的，又不是你。

誰說的？我本來就想猜3張。

少放馬後炮了！

不然再玩一次！

好的！

這次少的這疊有9張……

差1張。

叮咚！又答對嘍！

來，給你。

哇！謝謝！

小南又猜中了？

這運氣實在太好了！

其實不是運氣好，是有訣竅的唷！

喔！？

81

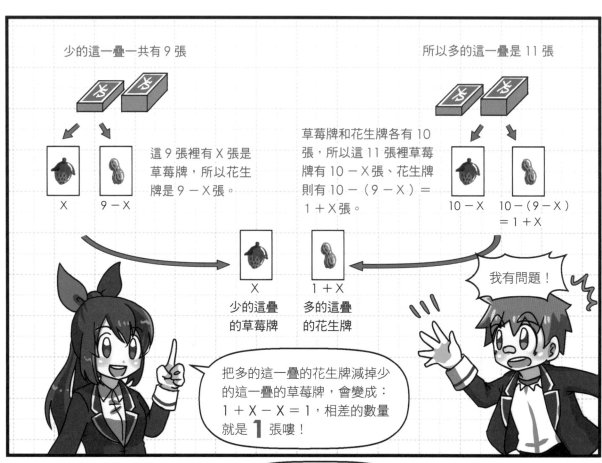

少的這一疊一共有 9 張

這 9 張裡有 X 張是草莓牌，所以花生牌是 9 － X 張。

X
9 － X

X
少的這疊的草莓牌

1 ＋ X
多的這疊的花生牌

所以多的這一疊是 11 張

草莓牌和花生牌各有 10 張，所以這 11 張裡草莓牌有 10 － X 張、花生牌則有 10 －（9 － X）＝ 1 ＋ X 張。

10 － X
10 －（9 － X） ＝ 1 ＋ X

我有問題！

把多的這一疊的花生牌減掉少的這一疊的草莓牌，會變成： 1 ＋ X － X ＝ 1，相差的數量就是 **1** 張嘍！

這樣能知道每一疊的草莓牌跟花生牌的數量嗎？

並不知道。我們只知道差距，不知道實際數量。

以剛剛的結果為例，雖然知道兩者的差距是一張，但有很多種可能：

8　1　2　9
└差 1 張┘

7　2　3　8
└差 1 張┘

6　3　4　7
└差 1 張┘

從算式來看,雖然我們假設少的那一疊的草莓牌有 X 張,但並沒有把 X 解出來,因為:
$$1 + X - X = 1$$

X 被減掉了!

真的地!

這就是這個遊戲奇妙的地方!

我回來了!

姊,我有好東西要分你!

喔?真難得。

登登登登!
YS 牌最新的草莓巧克力!

你……你從哪裡弄來的?

這是花帥給的啊!

有什麼問題嗎?

我有點不舒服……
先走了……

你不吃喔?

看來受害者不只是花帥啊。

奇妙的數字遊戲

計算數學問題時，試著把未知數假設成 X，再依文字敘述把各個條件列成算式，然後尋找算式之間的關係，常可破解問題。例如故事裡，小南把卡片數較少的一疊中的草莓牌設為 X 張，推算出卡片數較多的一疊中的花生牌為 1 + X 張。即使不知道草莓牌的張數 X 究竟是多少，卻可由算式中觀察得知：後者花生牌比前者草莓牌多了 1 張！

其實再仔細觀察你還能發現，卡片數較少的一疊中的花生牌，和卡片數較多的一疊中的草莓牌，也是相差 1 張！你也可以試著利用這項數字關係來設計猜謎遊戲。

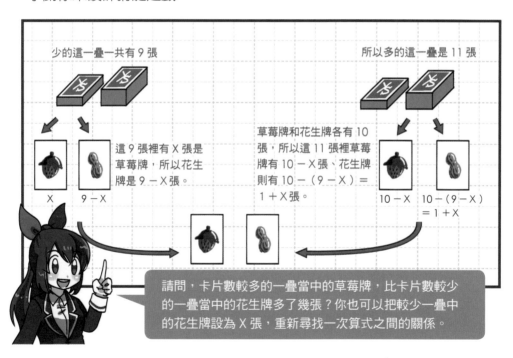

少的這一疊一共有 9 張

所以多的這一疊是 11 張

這 9 張裡有 X 張是草莓牌，所以花生牌是 9 － X 張。

X   9 － X

草莓牌和花生牌各有 10 張，所以這 11 張裡草莓牌有 10 － X 張、花生牌則有 10 － （9 － X）＝ 1 + X 張。

10 － X   10 －（9 － X）
　　　　　＝ 1 + X

請問，卡片數較多的一疊當中的草莓牌，比卡片數較少的一疊當中的花生牌多了幾張？你也可以把較少一疊中的花生牌設為 X 張，重新尋找一次算式之間的關係。

許多猜數字的遊戲，原理都是找出數字之間的關係，下面提供一則 520 數字遊戲，如果你有心儀的對象，也許到了 5 月 20 日這天，可以請對方猜一猜。

520 數字遊戲

請你在心裡想一個 9 以下的數字，然後加上 1，再乘以 2，再加上 4，再除以 2，最後減掉一開始心裡想的那個數字，再加上 517，結果代表你想跟對方說的話。

這個遊戲神奇的地方是，不管你心裡想的是什麼數字，最後都會變成 520。為什麼會這樣呢？假設心裡想的數字是 1：

$1 + 1 = 2$，$2 \times 2 = 4$，$4 + 4 = 8$，$8 \div 2 = 4$，$4 - 1 = 3$

假設心裡想的數字是 2：

$2 + 1 = 3$，$3 \times 2 = 6$，$6 + 4 = 10$，$10 \div 2 = 5$，$5 - 2 = 3$

假設心裡想的數字是 3：

$3 + 1 = 4$，$4 \times 2 = 8$，$8 + 4 = 12$，$12 \div 2 = 6$，$6 - 3 = 3$

依此類推……

相信大家已經看出這些算式中的數字關係，無論你想的是什麼數字，經過「加 1，乘 2，加 4，除 2，減掉一開始的數」這一串計算後，結果都會是 3，最後加上 517，自然得出愛的告白 520。這並不是神奇的心電感應，只是四則計算的運用而已。認真學習數學，你也可以成為數學魔術師唷！

運用數字之間的關係，可以設計出奇妙的數字遊戲。

小試身手

請同學寫一個二位整數，接著把兩個數字的位置交換，再將兩數相減，得到一個新的二位數。請同學告訴你個位數字，你一定可以猜出相減後的數字。這是為什麼呢？因為個位和十位交換位置後的兩數相減，結果一定是 9 的倍數。

例如：同學寫出 25，兩個數字交換後變成 52，$52 - 25 = 27$，同學只要告訴你個位數字是 7，你就立刻知道相減後的數字是 9 的倍數 27。

打掃總動員

噹——噹——

放假～放假～放假最快樂～

毛弟，放假有什麼計畫嗎？

有啊有啊！我今天晚上要看電視，明天要打電動……

也太好命了吧！我明天要去幫我叔叔打掃房子！

打掃房子？

對呀，叔叔新買了一層公寓，需要整理。

要幫忙嗎？

我叔叔是說，希望有三個人去幫忙啦……

可、可是我明天想打電動……

這樣啊！

真可惜，我叔叔說，打掃完要請我們吃大餐……

小南，我們兩個去吧！

咦！

那、那我也去啦！

哈哈哈！我就知道！

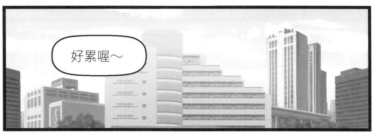

好累喔～

沒想到空房子掃起來也這麼累……

為了晚上的大餐，加油點！

只剩兩間房間的地板了。

耶！拖完就收工了！

一人選一間吧！

嗯……選哪間好呢？

4m　A　5m

3m　B　6m

A 好像比較寬，那我選 B 好了。

可是 B 好像比較長……那還是選 A 好了。

選 A 比較好……不對，還是 B 好了……

煩不煩啊你！快點啦！

$5 + 4 + 5 + 4 = 18$

$6 + 3 + 6 + 3 = 18$

這兩間一樣大啊！你看它們的周長不是一樣嗎？

好、好啦！那我選……選 A！

快點吧！肚子餓死了！

……

不對啊……

$5 \times 4 = 20$

$6 \times 3 = 18$

我這間的面積比較大欸！

毛弟你拖好了沒呀？

真的嗎？真的嗎？我再算一次……

5 乘 4 等於 20……
6 乘 3 等於……

88

還、還沒。

快點啦!我早就拖完了咃!

因為你那間比較小,我這間比較大啊!

誰説的?剛剛不是説過,兩間一樣大了嗎?

5

6

4 $5 \times 4 = 20$

3 $6 \times 3 = 18$

可是,我這間的面積是20平方公尺,你那間只有18平方公尺欸!

嗯?

好奇怪喔,周長明明相同,面積怎麼會不一樣呢?

的確會不同喔!

假設我們拿一條繩子隨意圍成一個長方形。

接著,把其中一個角往內摺。

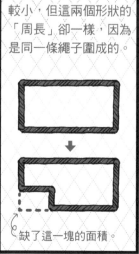

有摺角的長方形面積比較小,但這兩個形狀的「周長」卻一樣,因為是同一條繩子圍成的。

缺了這一塊的面積。

那如果都是圍成四方形呢?

那正方形一定比長方形來得大。

89

舉一個極端的例子來說，如果有一條繩子，我們把它對摺。

這樣圍出的形狀雖然很長，但寬度幾乎是零，所以面積也幾乎是零。

如果我們犧牲一點長度，增加一點寬度，面積會變得比較大。

隨著長度愈來愈短、寬度愈來愈寬，面積會愈來愈大，直到變成正方形時，會有最大的面積。

原來如此！我這間比花帥的那間接近正方形，所以面積較大。

所以，你到底拖好了沒？

答對了！

快點啦～肚子餓死了！

快好了快好了！

我回來嘍！

回來啦？吃過晚餐了嗎？

我剛吃飽，花帥的叔叔帶我們去吃了大餐呢！

太好了！既然你已經吃飽了，這塊蛋糕就交給我了……

什麼！？有蛋糕？

對啊，是 YS 的新產品。可惜你已經吃飽了。

慢、慢著！

幹嘛？你不是吃大餐了嗎？

不一樣啊！蛋糕分我一半啦！

大餐跟甜點的胃是分開的

這麼小塊很難分啦！你吃大餐我吃蛋糕，很公平啊！

一點都不公平！

不然怎樣才公平？

這樣好了！

這兩條繩子一樣長，我們各圍一個形狀，誰圍的面積大誰就可以吃蛋糕。

那有什麼問題！

正方形最大……我贏定了！

嘿嘿

你圍好了沒？

好了！

哼哼！正方形是最大的，這塊蛋糕歸我了！

是嗎？

你要不要算算看誰的比較大？

?!

60cm

15cm

15×15
$= 225 \, cm^2$

10cm

$5\sqrt{3}$

$\dfrac{10 \times 5\sqrt{3}}{2} \times 6$

$= 150\sqrt{3}$
$\approx 260 \, cm^2$

咦！正六邊形……比較……大！？

那我就不客氣啦！

怎……怎麼會……

隔天

嗚……

原來是這麼回事啊……

我的蛋糕……

我以為正方形是最大的，沒想到正六邊形最大……

其實正六邊形不是最大的喔！

什麼！

同一條繩子圍出的正 N 邊形，邊數愈多，面積就愈大。

正四邊形　＜　正六邊形　＜　正八邊形

所以八邊形最大？

九邊形呢？

十邊形最大吧？

那 11 邊形呢？

吼～難道最大的是無限多邊形嗎？

仔細看，會發現邊數愈多，形狀愈接近⋯⋯

哪有「無限多邊形」啦！

圓形！

答對了！所以最大的是圓形。

同樣的，如果是相同面積的物體，「球體」的體積會最大。

原來如此！

自然界中的水珠傾向變成球形，就是因為同體積的水形成球體時表面積最小。

好了！我該走了！

咦？你要去哪？

今天要去幫我舅舅整理花園。要一起來嗎？

哪來那麼多親戚需要打掃啊！

怎麼又要打掃啊？

你不來也沒關係，但整理完，舅舅會請我們吃蛋糕⋯⋯該不是 YS 的新產品吧？

咦？

沒有口福的人真可憐⋯⋯小南，我們走吧！

等、等我一下啦！

面積周長大不同

　　我們生活在三維的立體世界裡，對空間大小的感知卻經常停留在二維的平面上。例如：教室、公園、操場、球場、住家的大小，指的幾乎都是二維的面積。然而「面積」指的是：由一維的線所圍出來的區域大小，所以又和「周長」脫離不了關係，也因此許多人誤以為周長愈長，圍出來的面積愈大，以及相同的周長會圍出一樣大的面積，但是，這些都不是正確的想法！現在就來進行思考實驗！

　　把一個正方形想像成一個桌面，每一邊的寬度只能坐一個人。正方形桌可以邊對齊邊，拼排成更大的正方形或長方形，如果有 12 個正方形桌，你想怎麼排？不同排法又可坐多少人呢？

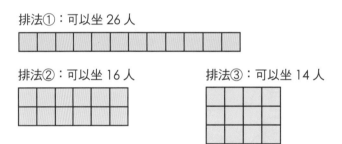

排法①：可以坐 26 人

排法②：可以坐 16 人　　　排法③：可以坐 14 人

　　同樣都是 12 張桌子，可坐的人數卻不盡相同。換句話說，這是相同面積，不同周長的例子。再進一步想想看，如果總共有 12 個人，你又會怎麼排？需要準備幾張桌子呢？

排法①：5 張桌子　　　　排法②：8 張桌子　　　　排法③：9 張桌子

　　同樣坐 12 個人，使用的桌子數量卻不同，這是相同周長，不同面積的例子。而且，圍成正方形的面積會比長方形來得大！

誰的面積最大？

接下來，用繩子做測試。一條長度 60 公分的繩子，可以圍成不同的形狀，右表提供一些例子，以及圍出的面積。

由這些例子可清楚看出，用同樣長度的繩子圍成正多邊形時，邊數愈多，面積愈大；但除了正多邊形，其實圓形才是能圍出最大面積的形狀。

如此一來我們可以知道，使用同樣的材料打造建築時，建成圓形會比建成方形得到更大的空間，但由於正方形和長方形的土地比較好運用，所以一般建築物的內部空間還是講求「格局方正」，也就是以長方形或正方形的空間為主。

面積和周長有關，但面積愈大，周長不一定愈長；周長愈長，面積也不一定愈大！

形狀	邊長 （公分）	面積 （平方公分）
正方形	15	225
正五邊形	12	249
正六邊形	10	255
正十邊形	6	276
正十二邊形	5	279
正十五邊形	4	282
圓形 *	—	286.4

* 圓形的圓周率以 3.14 計算，直徑大約是 19.1 公分，面積大約是 286.4 平方公分。

小試身手

有一位老爺爺想要把土地分給三個兒子，他給了每人一條 24 公尺長的繩子，要他們沿著籬笆圍出方形的土地，每一邊的長度都必須是整數，圍出來的土地就送給他們。你知道怎麼圍出面積最大的土地嗎？

小提示：因為土地的一邊是籬笆，所以繩子只要圍其中的三邊就可以了，右圖是其中三種圍法。

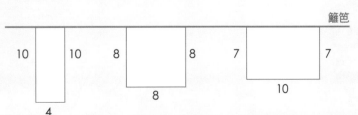

蘋果派
爭霸戰

您好～
參考一下喔～

參考看看喔！

哇……新開的蘋果派專賣店吔！

派派大師

週末找桃子去，她應該會喜歡。

小南～～
你終於來了～～

車站附近新開一家蘋果派專賣店！！我們週末去吃去吃去吃！

哈哈！我早上也拿到傳單，正想約你呢！

哇！太棒啦！我最喜歡蘋果派了！

咦……等等……

是不同家……！？

GRAND OPENING

新開幕 派派大師

派派王子 蘋果派專賣店

與王子相遇的好滋味

車站附近同時開了兩家蘋果派？這麼巧？

沒關係！都吃都吃都吃！

蘋果派風潮嗎……

根本不只兩家啊！

派大星 派派大星 派派大師 派派大師

看起來都好好吃啊！

我們先吃這家吧！

咦……那好像是花帥跟毛弟？

嗨！花帥、毛弟！

啊，是小南和桃子！

你們也來吃蘋果派嗎？

對呀！

對個頭，我們是來情蒐的啦！

情蒐？

沒錯，因為我叔叔也打算開一家蘋果派專賣店。

哇！那我們以後有免費的蘋果派可吃了嗎？

沒錯沒錯！

已經開這麼多家了，競爭很激烈吔！

所以才要情蒐啊！

我們拿了每一家的DM，蘋果派也都買好了。

等等要去叔叔家討論戰略，一起來吧！

去了就有蘋果派可以吃嗎？

有嗎有嗎？

當然有啦！

萬歲！

嗯～好好吃！

還是派派天使的最好吃，對吧！小南？

嗯，杏仁片跟蘋果派真的很搭！

我覺得派派大師的最好吃，加了酥皮超～香的！

可是酥皮超肥的！

蘋果派要加肉桂粉才是王道！派派王子的最專業啦！

才怪，我最討厭肉桂粉了！

欸！你們快來吃這個！

這……

哇……

好澎湃……

派派大星的蘋果派加了杏仁片、葡萄乾、酥皮、草莓、巧克力……

而且派派大星的價錢最公道，其他家的都不合理。

哇！差好多！

每家的價格都不一樣呢！

毛弟，你說派派大星最公道，可是派派王子最便宜呀！

才不是！雖然以 6 吋來說，派派王子是最便宜的，但隨著派的尺寸變大，他們的價格卻是高得不成比例！

派派王子

120元 ➡ 210元 ➡ 330元

├─ 6吋 ─┤ ├─ 8吋 ─┤ ├─ 10吋 ─┤

派派大師也一樣！拿派派大師和派派大星的比較，就很清楚了。

派派大師		派派大星	
6吋 150元	←一樣→	6吋	150元
8吋 280元	←差 80 元→	8吋	200元
10吋 430元	←差 180 元→	10吋	250元

6 吋的價格都是 150 元，可是 8 吋和 10 吋的卻差很多！！

沒想到毛弟竟然觀察入微！

嗯哼！

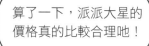

算了一下，派派大星的價格真的比較合理地！

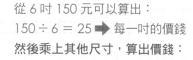

從 6 吋 150 元可以算出：

150 ÷ 6 = 25 ➡ 每一吋的價錢

然後乘上其他尺寸，算出價錢：

25 × 8 = 200 元 ➡ 8 吋的價錢

25 × 10 = 250 元 ➡ 10 吋的價錢

才不呢！其實派派大星的價格是最不合理的。

什麼！？

小南是說真的嗎？

毛弟，你有沒有覺得我們這次的「什麼！？」特別大聲？

因為這次有桃子……

8 吋比 6 吋大了 2 吋，所以貴 2 吋的錢，感覺很合理啊！

很多人都直覺的這樣以為。

面積和半徑的平方成正比，所以價格應該和半徑平方成正比才合理。

直徑

半徑

↓

面積＝半徑^2×π

但派的訂價應該和面積成正比才合理。6 吋、8 吋指的是派的「直徑」，並不是面積。

以 6 吋蘋果派當基礎的話，算出的合理價格應該是這樣：

蘋果派尺寸（以直徑表示）	蘋果派面積（半徑²×π）	合理價格（實際價格）			
		派派天使	派派王子	派派大師	派派大星
6 吋	9π 平方	180（180）	120（120）	150（150）	150（150）
8 吋	16π 平方	320（300）	213.333…（210）	266.666…（280）	266.666…（200）
10 吋	25π 平方	500（450）	333.333…（330）	416.666…（430）	416.666…（250）

派派王子的價格和蘋果派面積大致成正比，最合理。

120（120）　公道伯獎

213.333…（210）

只省略了零頭
333.333…（330）　416.666（430）

派派大師的訂價比合理價格貴了一點點。

嗚……我最喜歡的派派大師……

150（150）

266.666…（280）　有點貴鬆鬆獎

416.666…（430）

派派天使的訂價相當優惠，買愈大的派價格愈便宜！

真不愧是天使！

佛心獎

180（180）

320（300）

500（450）

至於派派大星……與其說是佛心，不如說是訂錯價格了……

料這麼多又賣這麼便宜……

150（150）　賠光光獎

266.666…（200）

416.666…（250）

真令人擔憂

久等了！

哇！好香喔！

你們好像討論得很熱烈？

沒錯，聰明的小南已經幫叔叔把訂價策略都想好了喔！

小南最棒了！

這樣啊！那大家先來嚐嚐我的蘋果派吧！

呃……

怎麼了？你們不是最喜歡吃蘋果派了嗎？

是沒錯……

但是……

我們已經吃了好多蘋果派了……

不然，試試我的另一個產品好了。

登登登登！蜜糖吐司！

哇！！

咦？這次的「哇」怎麼特別大聲？

我們剛剛討論過這個問題……

因為……

哇哇哇！蜜糖吐司耶！

因為蘋果派競爭太激烈了，所以我打算同時推出蜜糖吐司。

103

叔叔，你的蜜糖吐司也是分三種尺寸賣嗎？

沒錯，有大、中、小三種尺寸，分別是邊長8、6、4公分的正立方體，裡面是滿滿的水果和冰淇淋喔。

我要開動啦！

叔叔打算賣多少錢呢？

這個嘛～小的應該是40元，然後……

花叔叔！你該不會想訂價40、60、80元吧？

咦、咦？

不行喔！這樣你會得賠光光獎喔！

那怎麼訂才合理呢？

要跟平方成正比啊！

邊長	面積	價格
4	16	40
6	36	90
8	60	160

哇！毛弟好聰明，幸好你告訴我！

哼！

才不是這樣算的呢！

什麼？

剛剛小南明明就說是這樣算！

你仔細看清楚！

嗯……

為什麼三個蜜糖吐司都在妳的盤子裡？

重點不是這個啦！！

妳想通吃喔？

重點是蜜糖吐司不只面積不一樣，高度也不同！

剛剛的蘋果派高度都是相同的

對啦！

蜜糖吐司的體積跟邊長的三次方成正比，以最小和最大的相比，邊長變成兩倍，體積可是變成八倍喔！

體積 8 倍

8cm

4cm

邊長 2 倍

如果和體積成正比，合理價格應該是這樣：

邊長	體積	價格
4	64	40
6	216	135
8	512	320

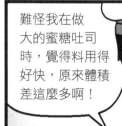

難怪我在做大的蜜糖吐司時，覺得料用得好快，原來體積差這麼多啊！

看外表有點看不出來呢！

有些人上市場買菜也會遇到類似的問題。

例如看到一大一小的西瓜，因為直徑差不多，所以從視覺上看起來大小沒有很大的不同。

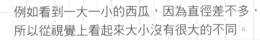

直徑只差 $\frac{1}{10}$

A

B

├─ 20cm ─┤   ├─ 22cm ─┤

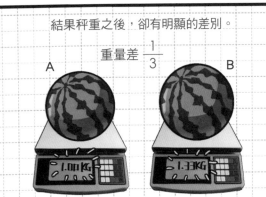

結果秤重之後，卻有明顯的差別。

重量差 $\frac{1}{3}$

A   B

1.00 KG   1.33KG

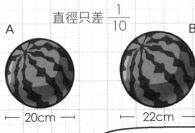

這樣呀，我還是調整一下大小好了，免得明明放很多料，卻被嫌太貴……

對呀！消費者的接受程度也很重要。

不過花叔叔的蜜糖吐司真的好好吃喔！

你、你該不會真的全部吃完了吧！？

剛剛問你，你還否認！

啥？

你在說什麼？我聽不懂！

不要裝傻！留一點給我啊！

你就試試看追不追得到啊！

其實……烤箱裡還有一大堆啦……

真得很鬧……

他們兩人……怎麼都不會累啊？

看單位做比較

算出單位價格，才能比較！

　　購物時，大包裝的價錢一定比小包裝便宜嗎？可能未必！各類物品的計價方式不同，首先，必須分清楚各類商品的計算單位，再算出單位價格來互相比較。

例如：氣泡水小瓶裝 350 毫升，售價 45 元；大瓶裝 500 毫升，售價 65 元，哪個划算呢？

　　每毫升的價格：小瓶裝每毫升為 45÷350 = 0.1286 元，大瓶裝每毫升為 65÷500 = 0.13 元。小瓶裝的反而比大瓶裝的划算。

　　派和 PIZZA 的計算單位「吋」指的是圓的直徑，但實際大小卻與面積相關，所以必須先算出面積：

例如：如果你訂了一個 10 吋的 PIZZA，取貨時老闆說：10 吋的賣完了，給你兩個 6 吋的，還多 2 吋。這樣是對的嗎？

　　直徑 10 吋的圓面積是 78.5 平方吋，6 吋的是 28.26 平方吋，兩個 6 吋的合起來只有 56.52 平方吋，其實比一個 10 吋的面積小很多！

　　形狀接近正方體的食物必須先算出「體積」，再計算每單位體積的價錢。另外，市面上很多食物以「重量」計價，如公克、台斤或公斤；一串衛生紙有 12 包、10 包和 8 包等不同包裝；一盒雞蛋也有 10 顆、8 顆和 6 顆的差別，購買前一定要看清楚，算出單位價格，才能比較！

小試身手

① 有兩家水果攤賣同樣的水果，甲店每台斤 30 元，乙店每公斤 48 元，哪一家店賣得比較便宜呢？（1 台斤 = 600 克，1 公斤 = 1000 克）

② 一個 6 吋蛋糕定價 600 元；同樣口味的 12 吋蛋糕應該定價多少元才合理？

小心！禮券現抵有陷阱

花帥家

嗚……

咦？你怎麼哭了？

有什麼煩惱？跟哥哥說！

咦？可是你房間裡已經有很多娃娃了。

可是沒有兔子娃娃啊……

我……我想要YS新出的兔子娃娃……

啊……但你手上抱的不就是一隻兔子嗎？

109

跳跳兔？

妹妹想要 YS 新出的跳跳兔娃娃。可是我的零用錢早就花光光了……

這樣好了，叔叔買給你怎麼樣？

哇！叔叔最好了！

對了！

找你的朋友毛弟、小南、桃子一起去吧！上次開店時，他們幫了不少忙。

好呀～

那我們快點出發吧！快點快點！

好好好～

真是心急啊

YS 百貨玩具部門

花叔叔，我們真的可以一人挑一個禮物嗎？

沒問題的！

讓花叔叔破費，真的不好意思……

哪裡哪裡，之前多虧你們來幫忙。

歡迎光臨！我們現在有優惠活動喔～

YS 周年慶
消費滿100元
送10元折價卷

喔？挺划算的。

是的，這是週年慶才有的優惠。

你們是來買禮物的嗎？

對啊，這些孩子幫我很多忙，我想謝謝他們。

那我可以偷偷再優惠你們一點。

喔？

原本，10 元折價券是下次消費才能使用的。

但因為你們很可愛，我就讓你們現抵吧。

哈哈哈！那你們就盡量挑吧！

哇！我就知道我很可愛！

就是這個！跳跳兔！

哇！真可愛！

一隻真的要 500 元吔！

那大家各自去找喜歡的禮物吧！

好好好……

不管不管，我就是要這個！

我又沒說什麼……

謝謝花叔叔！

過了半小時

都挑好了嗎？

112

挑好了！

請你幫我結算一下是多少錢。

好的，總共是 2855 元……

2855

我們不是有折價券可以現抵嗎？

對啊對啊！總共 2855 元，應該可以抵掉 280 元！

桃子的想法

原價 2855 元

→ 每 $100 可得一張 10

→ 共得 28 張 10

→ 可現抵 280 元

→ 只需付 2855 − 280 = 2575 元

不對啊！

哪裡不對？

這樣的話，我們只付了 2575 元，只會拿到 25 張折價券而已。

嗯嗯，會差 30 元喔！

若只付 2575 元

2575 ÷ 100 = 25 …75

→ 得到 25 張 10

→ 抵掉 250 元

→ 2575 + 250 = 2825 元

等於少付了 30 元！

咦！怎麼會？太神奇了！小南快來解答～

放棄思考……

在一般單純的消費狀況下，折價券數量是這樣算沒錯。

一般的狀況

謝謝惠顧！

28 張 10 元折價券下次消費時使用

$2855

10 ×28

但是店員鑽了小漏洞，讓我們現抵。

現抵的狀況

① 把 2855 拆成 2 份

$2855

$A $B

② 花叔叔先付 $A 拿到 $\frac{A}{100}$ 張折價券

$A

10 × $\frac{A}{100}$

③ 用這些折價券把原本該付的 $B 抵掉。

10 × $\frac{A}{100}$ = B

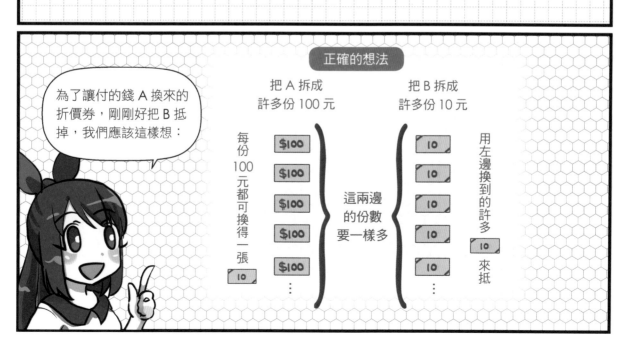

為了讓付的錢 A 換來的折價券，剛剛好把 B 抵掉，我們應該這樣想：

正確的想法

把 A 拆成許多份 100 元

$100
$100
$100
$100
$100
⋮

每份 100 元都可換得一張 10

把 B 拆成許多份 10 元

10
10
10
10
10
⋮

用左邊換到的許多 10 來抵

這兩邊的份數要一樣多

多一張！那能不能拿這張再抵 10 元，變成只付 2595 元呢？

不行喔！

一旦多抵一張，就會破壞原本的組合，因為付出的現金減少，折價券會變成 25 張。

其中 2500 是現金，250 是現抵的折價券。

不能破壞！　共 25 組，$25 \times 110 = \underline{2750}$

換個角度思考：先將必須付的 2855 元分組，這些完整的組合是不能破壞的。

所以購物金額若剛好是 110 的倍數，最划算，可以剛好折抵完折價券。

扣除左邊的 2750，剩下的 105 元，我們只有這幾種選擇：

好像都不是很好的選擇呢……

❶ 付現金 105 元，拿一張 回家下次用。

可是還得再跑一趟。

❷ 付現金 100 元，拿一張 抵剩下的 5 元。

可是這樣等於虧 5 元。

怎麼買更划算？

我們在前面篇章中學過「打折」、「滿一千折一百」的折扣概念，有些人應該也在百貨公司週年慶看過「消費滿額送禮券」的活動，這和打折有什麼不同呢？雖然看來差不多，實際上卻很不相同。以「打九折」和「滿千送百」為例：

打九折：1000 元的商品只要付 900 元就可以買到，便宜 100 元。

滿千送百：1000 元的商品要付 1000 元，但可得到 100 元禮券，也就是花 1000 元可得到 1000 ＋ 100 ＝ 1100 元價值的東西。

不過再仔細想想，滿千送百可能不如我們以為的優惠！首先，禮券必須用來購買另一件商品，如果本來沒有購物計畫，那就是多花錢。其次，禮券可能有使用限制，例如「消費滿 1000 元才能使用一張 100 元禮券」，變成最後可能花費了 2000 元才享有 100 元的優惠。再來，禮券還可能有時間限制，消費者一旦錯過使用期限，就會失去優惠的機會。總之，最後受惠的都是商家。

為什麼不是 1000 元變 900 元呢？

如果購買 1000 元的東西，原本可得到一張 100 元禮券，但現抵的話，變成現場只付 900 元，並不滿 1000 元，所以無法得到禮券。

為了讓消費者覺得方便好用，部分商家打出「禮券可以現抵」的口號。例如消費滿 1000 元，就送 100 元禮券，而且可以立刻抵用。聽起來很不錯，但因為現抵的關係，所以必須購買 1000 元以上的商品，當商品價格為 1100 元時，剛好可以把 100 元禮券抵完，最為划算，相當於花 1000 元可買到 1100 元商品，1000÷1100，大約是打九一折。

再回頭想想「買 100 元送 10 元折價券」的優惠方案，道理也一樣，支付 100 元可獲得 110 元的商品，所以當價格為 110 的倍數時最為優惠：

YS 週年慶推出「滿百送十可現抵」的優惠，花叔叔消費總額為 2855 元，最後該支付多少錢呢？

不現抵：付 2855 元，獲得 28 張 10 元折價券，下次購物使用。

相當於花 2855 元，得到 2855 ＋ 280 ＝ 3135 元價值的東西。

現抵：$2855 \div 110 = 25 \cdots 105$

其中 2750 元用 2500 元加 25 張 10 元折價券支付，現抵 250 元。

①另外支付 105 元，獲得 1 張 10 元折價券，下次購物使用。

　支付總額為 2500 ＋ 105 ＝ 2605 元，外加一張 10 元折價券。

②另外支付 100 元，獲得 1 張 10 元折價券，折抵 5 元，虧 5 元。

　支付總額為 2500 ＋ 100 ＝ 2600 元。

　　你可以試想看看，以上不同的付款方式相當於打幾折，在不同情境下怎麼做才划算？

　　看起來，想當省錢達人並不是一件容易的事呢！下次看到可以現抵的折價券，一定要先想清楚付錢的方法，才能做個最聰明的消費者！

小試身手

運動用品店推出「滿 200 元送 15 元折價券」的優惠方案，折價券可以現場抵用，小胖買了一雙 2900 元的球鞋，如果折價券現場抵用，該付多少錢呢？

秤斤論兩買軟糖

我回來了！

緊張⋯⋯

藏～

咦？姊，你在吃什麼？

沒有啊～

騙人～不然你張開嘴巴。

好、好啦！

真是的⋯⋯

可以分我一點嗎？
拜託拜託啦～

想得美，想吃
自己去買！

那……借我錢，
拜託拜託啦～

真受不了你！

好啦好啦……

YS 超市

咦，那不是……

啊！果然是花帥！

毛弟，你也來買 YS
新出的軟糖啊？

對啊對啊！

請問要買多少呢？

怎麼算呢？

我們是秤重的，現在
有優惠，每 100 克只
要 25 元喔。

新品優惠
YS 軟糖
25 元
/100g

我要 200 克。

沒問題！

我只有 50 元……

可以買 50 元軟糖呀！
剛好也是 200 克。

謝謝惠顧！

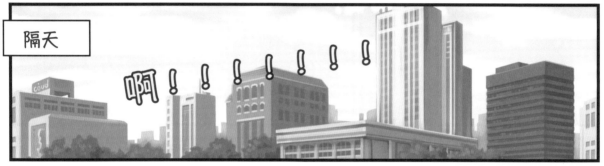

隔天

啊！！！！！！

沒、沒有了！？

怎麼啦？

我昨天買的軟糖……
都沒了……

一定是你偷吃我的
軟糖對不對？

不要亂冤枉好
人，我才沒有
吃你的軟糖！

那……怎麼
會……

不是你也不是我，
嫌疑人只剩下……

123

哈……聽你們說得一副很好吃的樣子……想說吃一個看看……結果……

結果？

結、結果就……

嗚嗚……我都捨不得吃，一天只吃一顆，你竟然……

好啦，我再給你錢去買嘛！

耶！謝謝媽媽……咦！？

你、你幹嘛？

昨天買軟糖的錢，好像是我借你的喔？

唰！

唉唷！不要這樣子啦～

哈哈，好啦，不欺負你了。一起去買吧！

YS 超市

毛弟！

花帥～你也來了？

你不是昨天才來買過嗎？

哈……一個晚上就被我妹掃光了……

歡迎光臨！

你好，我要買200克的軟糖！

好的沒問題！總共是60元喔！

咦！？

等等，昨天只要50元而已不是嗎？

那是我們的新品優惠，只到昨天喔！今天起恢復原價。

水蜜桃軟糖
30元／100公克

可是我只有50元。

沒關係，因為我們是秤重的，我還是可以秤50元的量給你。

嗚嗚……可是這樣比較少。

但媽媽好像有說過，這樣買比較划算。

真的嗎？為什麼？

她也說不上來，只說是家庭主婦 20 年的經驗……

像她去市場買米，都是固定買一個價錢。

我要 300 元的米。

沒問題。

然後再順便拗一點東西……

蒜頭順便送我一點吧。

好……

這樣買真的有比較划算嗎？

那我豈不虧了？

這時候，小南是不是該出來解答了啊……

你們在聊什麼？

哇！真的出現啦！

哈哈……是桃子拉我來的……

哇啊～錯過優惠了啦！

小南來得正好，快來幫我們解答吧！

究竟是每次都買一樣克數比較划算，還是每次都買同一價格呢？

這不是很簡單嗎？當然是同一價格！

誰要聽你解答？我們是在問小南！

這麼簡單的問題我來回答就可以了，哪需要用到小南？

你想想，每次都花一樣的錢，是不是單價高的時候買得比較少、單價低的時候買得比較多？

對啊。

那就像我們趁著特價時買多一點一樣，當然比較划算啊！

有道理欸！

做個誇張一點的假設。當價格為原價、半價、2 倍價時，如果用這兩種買法各會是這樣：

原價	半價	2 倍價
水蜜桃軟糖 30 元／100 公克	水蜜桃軟糖 15 元／100 公克	水蜜桃軟糖 60 元／100 公克
買 50 元　買 200g	買 50 元　買 200g	買 50 元　買 200g
花費 50 元　花費 60 元	花費 50 元　花費 30 元	花費 50 元　花費 120 元
獲得軟糖 167g　獲得軟糖 200g	獲得軟糖 333g　獲得軟糖 200g	獲得軟糖 83g　獲得軟糖 200g

可以看出毛弟在半價時買的軟糖特別多，有 300 多克。

333g

83g

而 2 倍價格時則買得特別少，只買了 80 幾克。

詳細算出平均每 100 克的價格，會發現毛弟的買法划算很多。

共買了 167g + 333g + 83g = 583g

共花費　50 ＋ 50 ＋ 50 = 150 元

}

平均價格 **25.7** 元／100 公克

 勝

共買了 200g + 200g + 200g = 600g

共花費　60 ＋ 30 ＋ 120 = 210 元

}

平均價格 **35** 元／100 公克

每 100 克便宜了將近 10 元呢！

我們還可以用更正式的算法，來證明這樣買一定會比較便宜。

假設買了兩次軟糖，兩次的價格不同，分別為每 100 克 x 元和 y 元。

花帥的買法會付（x ＋ y）元，平均每 100 公克的價格是 $\frac{(x + y)}{2}$……

等等！太快了……

毛弟的買法是 50 ＋ 50 元，所以他總共買到這麼多克：

$$\left(\frac{50}{x} + \frac{50}{y} \right) \times 100$$

那每 100 克是多少錢呢？

毛弟買的每 100 克的價格是：$(50 + 50) \div \left(\dfrac{50}{x} + \dfrac{50}{y}\right)$

$$= \dfrac{100}{\dfrac{50}{x} + \dfrac{50}{y}} = \dfrac{100}{\dfrac{50y + 50x}{xy}} = \dfrac{100xy}{50y + 50x} = \dfrac{2xy}{y + x}$$

把花帥和毛弟買的每 100 克的價錢相減：

$$\dfrac{x + y}{2} - \dfrac{2xy}{x + y} = \dfrac{(x - y)^2}{2(x + y)}$$

這個數字會大於零，表示花帥買到的價格比毛弟的來得貴。

天呀，買個軟糖也這麼複雜嗎？

總之，是毛弟的買法比較划算啦！

我們回來了！

這是我們買的軟糖！

辛苦嘍！

慢著！

這次的軟糖怎麼比較少？

啊，那是因為軟糖漲價了！

是啊，每100克從25元變成30元了。

急忙解釋

嗯……這袋軟糖大約只有……160克……不對……

現在是通靈的狀態嗎？

這袋只有150克！你們一定有在路上偷吃，對不對？

應該要有167克啊！

被、被發現了！

真是不能小看家庭主婦20年的經驗啊！

毛媽媽忘記一開始偷吃的人是她了……

130

聰明的定期定額

　　沒想到以不同方式購買軟糖，平均下來的價格竟然有那麼大的差異！我們可以用另一個買筆記本的例子來說明：

> 定期定額購買能有效平衡成本。

原價：4 本 100 元		特價：8 本 100 元	
小明： 購買 100 元 獲得 4 本	小毛： 購買 8 本 付 200 元	小明： 購買 100 元 獲得 8 本	小毛： 購買 8 本 付 100 元

小明共付出 200 元，得到 12 本；小毛共付出 300 元，得到 16 本

平均每本的價錢：小明的是 200÷12 ＝ 16.67 元
　　　　　　　　小毛的是 300÷16 ＝ 18.75 元

　　由此可知，使用「固定價錢」的購買方式，可以有效平衡購買的成本，是比較划算的方式。這個道理也可以運用在投資理財上，坊間常聽到「定期定額購買基金」就是個好例子。基金價格會上下波動，投資人都希望買在價格低點，並在高點時賣出，才能獲利。但價格的波動不是能預期或掌握的，如果能定期以固定金額分多次購買，在低點時可購入較多單位，高點時購入較少單位，就能降低平均成本，也降低了投資的風險。

　　雖然定期定額購買能有效平衡成本，但購買時也要考慮，是不是能在物品的有效期限內使用或食用完畢，以免因為促銷多買，反而造成更大的浪費。投資也一樣，都要評估風險。

小試身手

小明買了一桶 300 克的開心果，270 元；一週後，他發現店裡有促銷，同樣的開心果一桶只要 220 元，於是他又買了一桶。小華買的則是同品牌 140 克包裝的開心果，每包 99 元，他買了 5 包。請問，誰買的開心果比較便宜呢？

花叔派新開幕！

唉……

桃子，你怎麼唉聲嘆氣的？

很不像你欸

期末考考得有點爛……

可是考完就放假了，不是應該很開心嗎？

最近好像有點胖……

還好吧？沒什麼差別呀！

今天早餐店的老闆好像少找我5元……

明天跟老闆講一下，他會還你的啦！

唉唷！就是覺得心情不太好嘛！

那……怎麼辦好呢？

如果剛好有人願意請我吃蘋果派就好了……

這才是你的本意吧……

花叔叔好！

你們來啦？

快進來吧！雖然有點亂，不過還是有桌椅的。

那蘋果派……

哈哈！有的有的，放心！

耶！

花叔叔，你連地磚都全部敲掉喔！

對啊，既然要整修，就統統換成新的。

想換成怎樣的地磚呢？

希望是大一點的正方形地磚，比較美觀。

不過為了找大小剛剛好的地磚，也費了一番工夫呢！

為什麼啊？

因為我的室內空間是這樣的：

花叔叔的店

960 公分
420 公分
720 公分
480 公分
300 公分
480 公分

我不希望浪費地磚，也覺得切割地磚不太好看。

我找師傅研究了好久，最後用了……

60 公分的地磚，對嗎？

沒錯！正是60 公分的！

因為她是小南，小南什麼都知道！

小南怎麼知道？

你是在踡什麼……

要剛好鋪滿這個地面，不能有空隙，

這個正方形的邊長必須是每面牆壁寬度的「公因數」。

找我？

宮音速？

觀音樹？

供蝦米？

假設整數 A 能被整數 B 整除，B 就是 A 的因數。

$8 \div 1 = 8$
$8 \div 2 = 4$
$8 \div 4 = 2$
$8 \div 8 = 1$

8 的因數

$10 \div 1 = 10$
$10 \div 2 = 5$
$10 \div 5 = 2$
$10 \div 10 = 1$

10 的因數

8 的因數　10 的因數

8 4 1 2 5 10

8 和 10 的公因數

如果兩個整數有一樣的因數，這些因數就是它們的公因數。

我知道了！所以只要找到公因數，不論地磚靠哪一面牆壁，都能鋪得剛剛好。

答對了！

其實這幾面牆壁寬度的公因數有很多個，不只有 60。

10、20、30 也都可以整除這些數字。

還有更小的 2、3、5……

也可以用其他公因數，當做地磚的邊長嗎？

沒錯！尺寸為公因數的地磚都可以。

但因為花叔叔希望地磚大一點，所以要選邊長是「**最大公因數**」的地磚，也就是 60 公分的。

960 公分
鋪 16 塊

每塊的邊長都是 60 公分

420 公分
鋪 7 塊

720 公分
鋪 12 塊

480 公分
鋪 8 塊

300 公分
鋪 5 塊

480 公分
鋪 8 塊

真期待完工，店裡一定會變得很漂亮。

開幕時，我還想辦活動來吸引人氣！

什麼樣的活動呢？

我是這樣想：❶ 客人到店裡拍照、上傳打卡後，由店員在右手背蓋上愛心印章。
❷ 接著客人只要喊出口號：「我愛花叔派！」，店員就在客人的左手背蓋上星星印章。

❶

❷ 我愛花叔派！

愛心印章有藍、綠、紅 3 種顏色，星星印章則有橘、藍、紫、綠、紅 5 種顏色。店員蓋章時，每種顏色輪流蓋。

若兩種印章都蓋到紅色，就可以來領取獎品——最新口味的蘋果派一份！

哇！真好！

這樣好像很容易領到獎品呢！

對啊，要不要把星星印章改成 6 種顏色？這樣輪久一點才會輪到紅色。

如果把星星印章改成 6 種顏色，中獎人數反而會變多喔！

當愛心 3 種色、星星 5 種色時，每 15 人會有一人中獎。因為 3 和 5 的**最小公倍數**是 15。

公倍數？

當一個整數同時是另兩個整數的倍數，這個整數就是它們的公倍數。

3×5 倍   5×3 倍

15

3 和 5 的公倍數

以 3 和 5 來說，公倍數還有 30、45 等等，其中最小的是 15。

也就是說，每隔 15 人，會有一個人剛好兩種印章都是紅色。

第 15 人
中獎

所以第 15 人、第 30 人、第 45 人……只要是 15 的倍數，都會中獎！

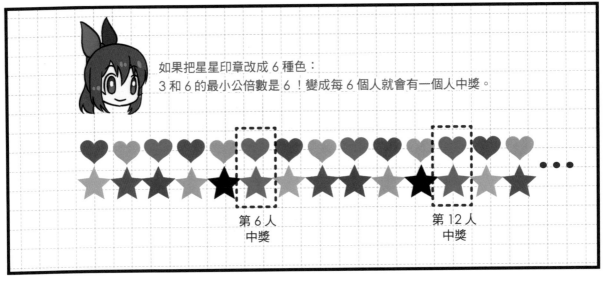

如果把星星印章改成 6 種色：
3 和 6 的最小公倍數是 6！變成每 6 個人就會有一個人中獎。

第 6 人
中獎

第 12 人
中獎

中獎率提高了 **2.5** 倍！

這樣不是很好嗎？

才不好！這樣獎品很快就發完了。

哼哼⋯⋯這下子我知道了。

你知道什麼了？

不要裝模作樣。

新開幕當天，只要算算前面排隊的人，讓自己排第 15 個，就可以領到新口味的蘋果派了！

對吼！那我也要！

15

不准學我！第 15 個是我的！

別吵了⋯⋯其實⋯⋯

那⋯⋯第 30 個是我的！

當天需要人手，如果你們來幫忙，新口味的蘋果派就隨便你們吃，如何？

我一定會認真幫忙的！

你會認真吃才對吧！

到時候我就準備好蘋果派，等著大家嚕！

哇！太棒了！

用公因數和公倍數鋪地磚

　　因數與倍數在生活中的應用很廣，鋪地磚就是一個好例子。假設是像教室一樣的長方形空間，只要計算長邊和寬邊的長度，找出公因數，就可以讓完整的地磚鋪滿地板而不需要切割。例如：教室地板長 900 公分，寬 700 公分，如果不想切割地磚，可選擇邊長 100 公分的正方形地磚鋪設，因為 900 和 700 的最大公因數是 100。

　　花叔叔的室內空間不是長方形，所以必須找出所有邊長的最大公因數，才能符合花叔叔的需求。我們可以列出各邊長所有的因數，找出其中最大的共同因數，就是最大公因數。另外也可以進行質因數分解，把各邊長的數字分解成由質因數連乘：

$960 = 2^6 \times 3 \times 5$

$420 = 2^2 \times 3 \times 5 \times 7$

$480 = 2^5 \times 3 \times 5$

$300 = 2^2 \times 3 \times 5^2$

$720 = 2^4 \times 3^2 \times 5$

得出最大公因數 $=$

$2^2 \times 3 \times 5 = 60$

　　除了地磚之外，依人數進行分組時，也常會用到公因數。例如：班上有 16 位男生和 12 位女生，出外旅行住宿時，選擇四人房可以剛好住滿，因為 12 和 16 的最大公因數是 4；雙人房也可以剛好住滿，只是比較不熱鬧；如果選擇三人房，就會有一位男生需要單獨睡一間。

例如：夏令營有 70 位男生參加，56 位女生參加，想要把所有的學生分組，讓每一組的男生一樣多，每一組的女生也一樣多，最多可以分成幾組呢？

70 的因數：1、2、5、7、10、14、35、70

56 的因數：1、2、4、7、8、14、16、28、56

最大公因數為 14，所以最多可分 14 組，每組都有 5 位男生、4 位女生。

公倍數的妙用

用正方形地磚鋪滿長方形地面，需要找出最大公因數；反過來，要用長方形地磚鋪滿正方形地面，就需要找出公倍數。例如：使用長 10 公分寬 6 公分的長方形地磚同方向鋪排，鋪成的最小正方形，邊長會是 10 和 6 的最小公倍數：30 公分，這是可同時整除 10 和 6 的最小整數。

例如：家中廚房牆壁常採用長 30 公分，寬 20 公分的長方形磁磚，以同方向鋪排，所鋪成的最小正方形邊長會是多少呢？

30 的倍數：30、60、90……

20 的倍數：20、40、60、80……

最小公倍數為 60 公分，可用六塊地磚鋪成邊長 60 公分的最小正方形。

公倍數還有其他用途，假設你和同學一起等公車，回你家的公車每 12 分鐘來一班，回同學家的公車每 8 分鐘來一班，你們兩人到公車站時，兩種公車正巧一起離開，這時，最少要等 24 分鐘，兩種公車才會同時到站，讓你和同學一起上車，因為 12 和 8 的最小公倍數是 24。

小試身手

① 有一個三角形公園，三個邊長分別是 480、360 和 600 公尺。在公園外圍每隔相同的距離種一棵樹，每兩棵樹之間的最大距離會是多少公尺？

② 叔叔每五天回去看爺爺一次，姑姑每四天回去一次。今天是 4 月 4 日，叔叔和姑姑都回去看爺爺了，下一次他們同時回去是幾月幾日？

P16

① X = 8

② Y = 28

③ X = 32

P17

如果 100 枚硬幣都是 5 元，總共應為 500 元，比實際金額 800 元少了

800 － 500 = 300 元。

把一枚 5 元硬幣換成 10 元硬幣，會多出 5 元，300÷5 = 60，換 60 次可

多出 300 元。

由此可知：10 元硬幣有 60 枚，5 元硬幣有 40 枚。

P27

四碗牛肉麵的材料為 360 ＋ 50 ＋ 40 ＋ 50 = 500 元，

店裡的牛肉麵一碗要價 200 元，四碗為 200×4 = 800 元，

800 － 500 = 300，四碗牛肉麵總共可省 300 元，平均每碗可省 75 元。

P43

（50×33）＋（35×12÷2）= 1650 ＋ 210 = 1860 平方公尺

P53

（7 － 5）÷5×100％＝增量 40％

P74

①乙餐廳「四人同行一人免費」比較優惠。

②買五瓶的狀況下，甲店相當於打八折，乙店相當於打八四折，丙店相當

　於打八二折，到甲店購買比較便宜。

P95

長邊 12 公尺、寬邊 6 公尺的長方形面積最大。

P107

①甲店每 1 公克為 30÷600 ＝ 0.05 元，乙店每 1 公克為 48÷1000 ＝ 0.048 元。乙店比較便宜。

② 12 吋蛋糕的大小是 6 吋蛋糕的（12×12）÷（6×6）＝ 4 倍大，定價 600×4 ＝ 2400 元才合理。

P119

2900÷（200 ＋ 15）＝ 2900÷215 ＝ 13…105

可得到 13 張 15 元的折價券，現場折抵 15×13 ＝ 195 元

共支付 2900 － 195 ＝ 2705 元

P131

小明買了 300 ＋ 300 ＝ 600 克的開心果，共花了 270 ＋ 220 ＝ 490 元，每克價格為 490÷600，約 0.82 元。

小華買了 140×5 ＝ 700 克的開心果，共花了 99×5 ＝ 495 元，每克價格為 495÷700，約 0.71 元。

小華買的比較便宜。

P141

① 480、360、600 的最大公因數為 120，所以每兩棵樹之間的最大距離為 120 公尺。

② 5 和 4 的最小公倍數為 20，所以過 20 天後叔叔和姑姑會同時回去看爺爺，為 4 月 24 日。

好好笑漫畫數學：買賣大作戰

編劇／郭雅欣
漫畫／司空彌生　分鏡／沈宜蓉
漫畫顧問／李國賢、葉亞寧

知識專欄／房昔梅

出版六部總編輯／陳雅茜
資深編輯／盧心潔
美術設計／趙　璦

圖片來源／p16、17、27、52、65 © Shutterstock

發行人／王榮文
出版發行／遠流出版事業股份有限公司
　　　　　地址：臺北市中山北路一段 11 號 13 樓
　　　　　電話：02-2571-0297　傳真：02-2571-0197　郵撥：0189456-1
　　　　　遠流博識網：www.ylib.com　電子信箱：ylib@ylib.com
著作權顧問／蕭雄淋律師

ISBN 978-957-32-8994-4
2021 年 5 月 1 日初版
定價・新臺幣 320 元

好好笑漫畫數學：買賣大作戰／
郭雅欣、房昔梅著；司空彌生繪 . -- 初版 .
-- 臺北市：遠流出版事業股份有限公司，
2021.05
　面；公分
ISBN 978-957-32-8994-4（平裝）
1. 數學 2. 漫畫
　310　　　　　　　　　　　110003061